元宇宙 在數位空間裡，無所不能？

在電腦……虛擬）空間「元宇宙 (Metaverse)」已然成真……打電動、開派對，也可以購物或參加活動。

使用自己的分身「虛擬替身（Avatar）」進入元宇宙，就能夠與其他參與者一同交流。虛擬替身的外型可以是與自己相似的人類，也可以自由選擇機器人或動物等各種外型。

VR頭戴式裝置
(Meta Quest 2)
※ 適用對象為 13 歲以上
影像提供／ Meta

搖桿

▲使用 VR 頭戴式裝置進入元宇宙的世界。

▲待在家裡也能夠進行開會和社交活動。

小學館的元宇宙「S-PACE」，可以用自己的虛擬替身進入這個VR空間，參加《快樂快樂》漫畫月刊的活動和演唱會。或許還有機會可以遇到柯南喔？

影像提供／小學館

城市的數位孿生

——目標是打造虛擬東京

避難地点
右折

在數位空間中打造另一個世界，一個可與現實世界即時同步的「數位孿生（Digital Twin）」，期待這個應用未來能夠實現更多可能。

當地震等大型災害發生時，必須即時收集損害與道路交通等資訊，引導民眾前往最適當的避難路徑。民眾只要遵循顯示在智慧型手機等裝置上的指示，就能夠安全避難。

地震與災害發生時的避難撤離

▲透過監視器和感應器提供的資訊，可以即時掌握危險場所的狀況。

◀避難路線與受損狀況可透過裝設在街頭和建築物內的數位看板（或稱電子看板、廣告機）顯示。

人群與交通的壅塞狀況

利用人造衛星（→142頁）的定位資訊，在各路段以肉眼可見的方式顯示人群與交通的壅塞實況。

Smooth NAVI
搜尋地面上的壅塞程度與路線
Smooth NAVI
也能得知地面下的壅塞程度

▲智慧型手機不僅可以查詢最短路線，也能指引民眾走不塞車的路線。

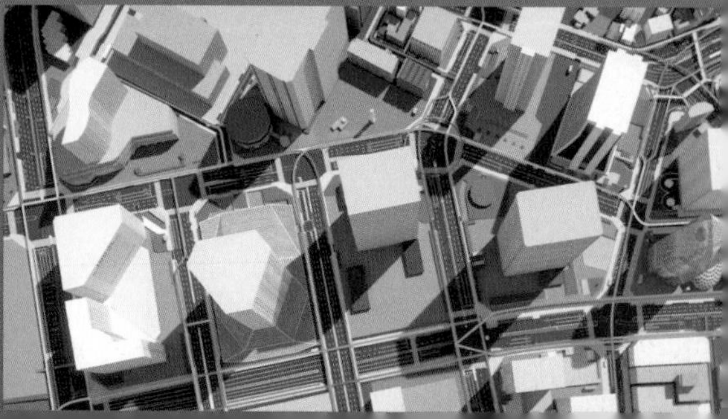

風況

收集特定地點的風向與風力數據進行模擬，有助於新建物的建設開發計畫擬定。

日照

模擬不同時間的日照（向陽）變化，就能夠找出不會晒到太陽的路線。

地下基礎建設

不只是地面上，地下空間的3D資料如果也都齊全，就能夠看到天然氣、電力、自來水管線等基礎設施，並得知各設施的管理者、材料、施工記錄等。

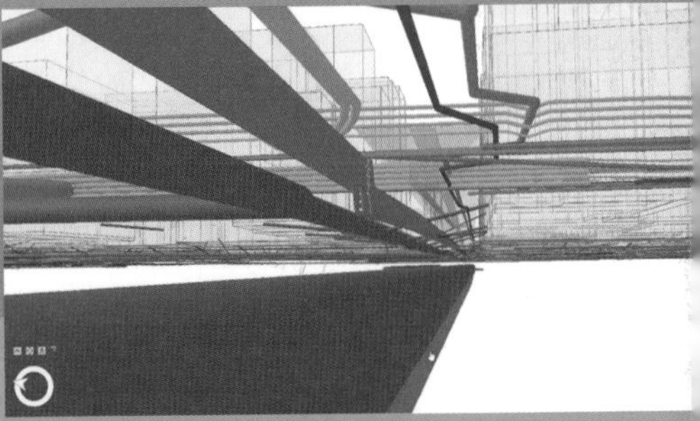

利用點雲資料建立3D模型

點雲資料(point clouds data)是具備三維（長、寬、高）定位資訊與色彩的點集合，可以用來打造3D模型，做為建立數位孿生的基礎。用智慧型手機收集點雲資料，各位就能夠參與數位孿生3D城市模型的更新。

▲在東京西新宿收集到的點雲資料。不僅能夠模擬現實世界，還能夠將街景和建築物的變遷保存在數位空間裡。

◀雷射掃描器收集做為地基的點雲資料，再與智慧型手機拍攝的看板等點雲資料交疊，就能夠做出更詳細的城市數位孿生。

影像提供、協力／東京都數位服務局

引路號 人造衛星替我們指路

支撐數位化社會的不是只有電腦和通訊設備，太空中的人造衛星也扮演很重要的角色。

日本的導航衛星「引路四號」

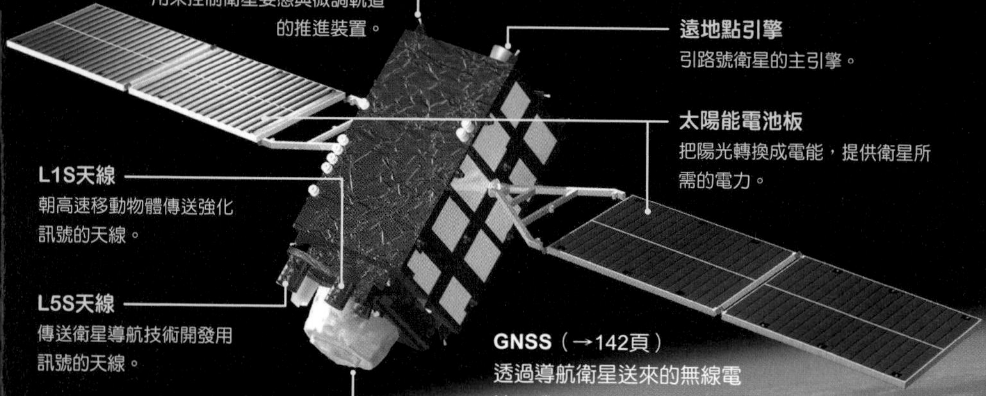

姿態控制推進器（12台）
用來控制衛星姿態與微調軌道的推進裝置。
遠地點引擎
引路號衛星的主引擎。
太陽能電池板
把陽光轉換成電能，提供衛星所需的電力。
L1S天線
朝高速移動物體傳送強化訊號的天線。
L5S天線
傳送衛星導航技術開發用訊號的天線。
L波段（L-Band）螺旋天線
朝地球傳送導航訊號的天線。

GNSS（→142頁）
透過導航衛星送來的無線電波，我們可以知道各種物品的位置。導航衛星除了大家都聽過的美國的「GPS」之外，日本也有「引路號」人造衛星。

影像提供／日本內閣府宇宙開發戰略推進事務局

「引路號」是利用飛行在日本上空的人造衛星，傳送無線電波進行定位的「準天頂衛星系統」。以往單靠美國的GPS※衛星，電波很容易受到大樓或高山等阻擋，為了得到更精確的定位資訊，因此日本從2018年起陸續發射四顆「引路號」人造衛星。

※GPS 是 Global Positioning System（全球定位系統）的簡稱，由 24 顆以上的人造衛星組成。

衛星導航系統的應用

汽車自動駕駛！

車輛要能夠自動駕駛，必須隨時知道精確的位置。

影像提供／Tokai Clarion

無人機宅配！

飛在空中的無人機需要的定位資訊不能只有平面，也必須有高度等立體資訊。

影像提供／EAMS ROBOTICS Co., Ltd.

播種與採收！

利用無人駕駛的農業機具，可在適當的間距種植或自動採收作物。

影像提供／Kawasaki Kiko Co.,Ltd.

哆啦A夢科學任意門

DORAEMON
SCIENCE WORLD
special

數位世界穿透環

哆啦A夢科學任意門 special
數位世界穿透環

目錄

＊《哆啦A夢科學任意門 SPECIAL》有重複使用《哆啦A夢科學任意門》、《哆啦A夢知識大探索》系列中出現過的漫畫作品。

關於本書

我相信閱讀本書的各位所就讀的學校，應該都已經開始使用平板電腦教學。你們習慣用平板電腦上課嗎？現在能夠像這樣用平板電腦上課，是因為數位技術大幅提升，讓每個人都能使用那些技術的緣故。

而且，平板電腦明明沒有插電，也沒有接線，為什麼可以使用？我們用得理所當然的網際網路是如何運作的？大家在學校上課用的ＡＰＰ又是如何創造出來的呢？仔細一想才發現原來自己有這麼多不懂的地方。本書將以簡單易懂的方式介紹這些數位技術的創造過程。

今後的時代，各位的生活少不了數位技術與產品，世界也將因為數位化而大幅改變。就讓我們一起透過這本書，學習數位技術往後將如何發展，以及如何改變眾人的生活；未來的數位技術一定能夠使我們的生活更加豐富、幸福。

讀者們如果因為這本書對數位技術產生興趣，進而成為發想未來數位技術的原動力，我們將甚感榮幸。

※本書沒有特別標注的內容，均為二〇二二年十一月的資訊。
※本書有重複收錄《哆啦Ａ夢科學任意門》、《哆啦Ａ夢知識大探索》系列中刊載過的漫畫作品。

孤男寡女共處一室？

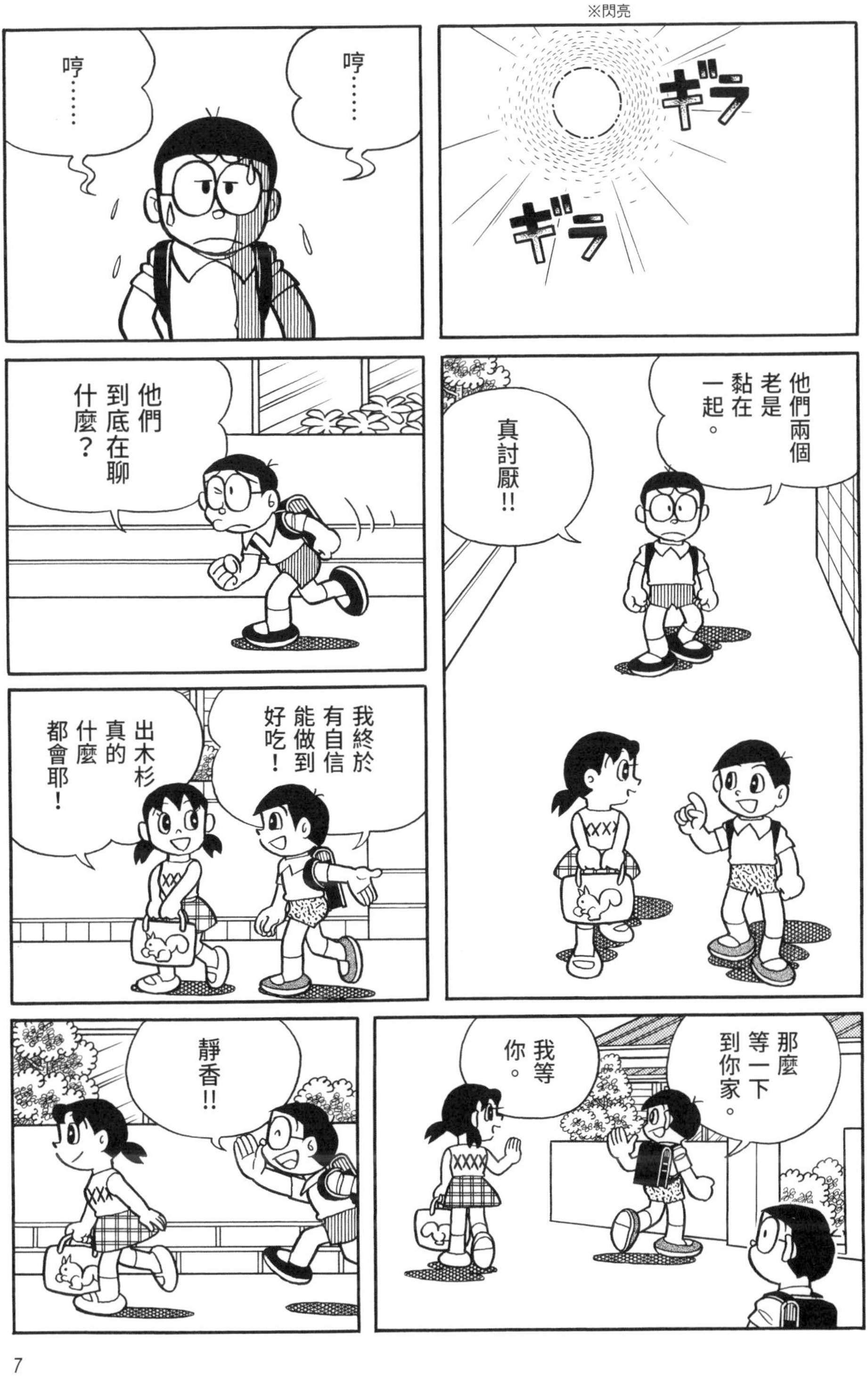
※閃亮
ギラ
ギラ
哼……
哼……
他們兩個老是黏在一起。
真討厭!!
他們到底在聊什麼？
我終於有自信能做到好吃！
出木杉真的什麼都會耶！
那麼等一下到你家。
我等你。
靜香!!

數位關鍵字 **終端裝置** 讓使用者輸入資料、顯示運算結果的電腦或電腦系統，例如智慧型手機、平板電腦、筆記型電腦等。

今天是八月七號，你記得是什麼日子嗎？
八月七號？不是終戰紀念日……那是什麼日子呢？
我還有事，下次再聊。
※受打擊
ガーン
靜香忘了!!
她居然忘了我的生日!!
我有重要的話要說。
等一下可以到你家玩嗎？
抱歉，今天不行。
※大受打擊
ガーン
ガーン
ガーン
真不敢相信。
那是我未來新娘的態度……
哆啦A夢~

數位關鍵字 **無人機** 無線遙控飛行的小型飛行器，原本是指軍事上使用的無人航空載具，近年來開始有配備超過四個螺旋槳的小型「多旋翼直升機」，多半也稱為無人機（或空拍機），英文稱為drone。

靜香好過分！
和出木杉在一起都不理我……
哆啦A夢，你有在聽嗎？
哆啦A夢……
喂！哆啦A夢!!
哆啦A夢!!
等一下啦！
我正在調查重要的事。
原本想說牠會和黑木家的佐助一起玩……
※消失
每個房間都找不到……
也就是說，牠不在裡面。
シュッ
這附近還沒找過的，只剩下鍋島家了。
會在那裡嗎……？
那個老爺爺不喜歡貓啊！
ビ・ビ…
※嗶嗶嗶
你究竟在找什麼？
小咪失蹤了!!

※噗哧
先從這裡開始調查吧！
プス
※噗哧
不在這裡……
那麼這個房間呢？
プス
有了!!
太過分了!!
發生什麼事了？
啊!!
小咪被抓住了!!
小咪，我來救你了!!
啊，哆啦A夢衝進去了!!

數位關鍵字

3D列印機

可自動製作立體（3D）物品的裝置，機器會根據電腦繪製的立體設計圖，薄薄的一層層堆疊出立體造型。材料的種類眾多，通常是塑膠、橡膠、金屬等。

原來這是「偷窺別人家的裝置」!!
シュン
※出現
用這個，就可以知道靜香和出木杉，在屋裡做什麼了。
使用方法我大概猜到。
這是開始鈕吧！
啊，是鎮上的地圖。
N
這是決定位置的按鈕吧！
N
W
E
S
把中心對準靜香家。
ビ・ビ・ビ…
カチ
出現了!!
是靜香家!!

※嗶嗶嗶、喀嚓

※噗咻
從這裡開始調查。
プス
啊，不在這裡。
※砰嘎
你在幹什麼？
這可不是讓你偷窺的道具!!
這是「密閉空間探查機」。
是為了調查無法挖掘的古墳，或是過於危險、無法接近的火山深處用的。
別用在無聊的事情上！
不，我有很重要的事！
咦……出木杉和靜香？
萬一他們的感情越來越好……
然後結婚的話，那我的小孩大助和子孫世修不就不存在了？
那就傷腦筋了。
啊，出木杉來了!!

數位關鍵字　顯示器　像電視一樣，以光在畫面上投射文字和影像的顯示裝置，電腦等的周邊裝置之一，可顯示操作動作

我想調查他們在做什麼！
嗯……好吧……
他們好像在寫作業。
之前明明在說什麼「做到好吃」。
他們兩個都很認真，一定會等做完作業才開始吧！
對了，我也得寫作業。
可以調整這鏡頭的倍率嗎？
只要轉動把手就行了。
真的耶！變大了!!
改變指針位置的話……
哇啊，看到出木杉的筆記本了。
這樣就沒問題了。
我不管你了。
寫完了！
接下來他們要做什麼呢？

與檔案內容等，也稱為電腦螢幕。多半使用液體狀態，卻又能夠像固態晶體一樣形成光折射的物質。

出去了。
※噗哧、噗哧
跑到哪個房間去？
這裡？
還是這裡？
プス
プス
在廚房。
原來如此!!
他們打算做蛋糕自己吃!!
※匡、匡
可惡!!
可惡啊!!
ガン
ガン
※天搖地動
ガク
ガク
工具散了一地！
啊哈哈，真痛快!!
啊……
靜香好像要哭了……
出木杉在安慰她。
他們撿起剩下的材料……

數位關鍵字 **電子零組件** 電腦和電器產品裡，嵌在綠色板子（印刷電路板）上的小零件，可分為積體電路（IC）、電

他鼓勵靜香，又開始做了。
我輸了。
有人在家嗎？
祝大雄生日快樂。
咦……你們為我做了蛋糕!?
我們想給你一個驚喜，所以才瞞著你。
別害羞啊！
我真丟臉!!
我沒臉見他們!!
雖然很小，味道也不好……
好吃!!
我第一次吃到這麼好吃的蛋糕。

晶體、二極體、線圈、電阻器、電容器、開關、插槽等各種類型和用途。

想要傳送資訊

我們總是會想要將所見所聞與感受傳達給其他人知道，這些就是「資訊」。最初人類是用聲音和動作傳遞資訊，後來誕生出透過圖畫與文字的方式。

為了能夠將這些資訊傳送出去，「通訊」的方式也逐漸演進，直到現在甚至能夠輕鬆的傳送動態影片。

影像來源／Welcome Images via Wikimedia

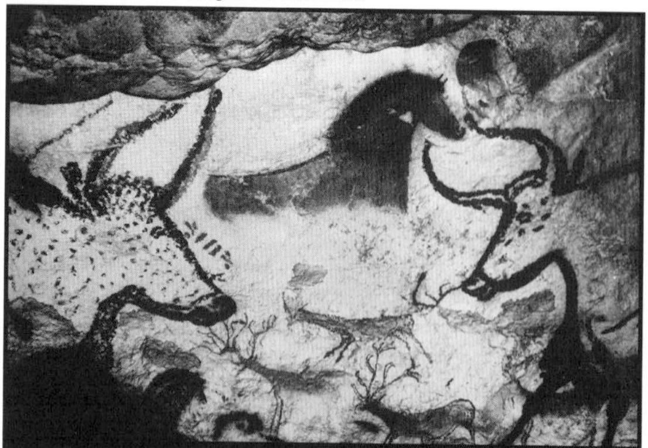

▲在法國洞窟中發現的「拉斯科洞窟壁畫」，繪製時間大約是兩萬年前。

通訊技術發達 可與更多遠方的人聯繫

過去我們只能把資訊傳達給身邊的人，後來發展出印刷術與郵務；有了電之後，電話與收音機問世，資訊也因此能夠傳送到更遠的地方，讓更多人知道。

電話是把我們說話的聲音（空氣振動）轉換成電訊號傳送，實現了與遠方的人對話的可能。文字和影像等資訊也同樣能夠轉換成電訊號。

▲資訊能夠傳送到遠方，但很花時間。

▲用電話就能夠與在國外等遠方的人交談。

插圖／杉山真理

何謂數位

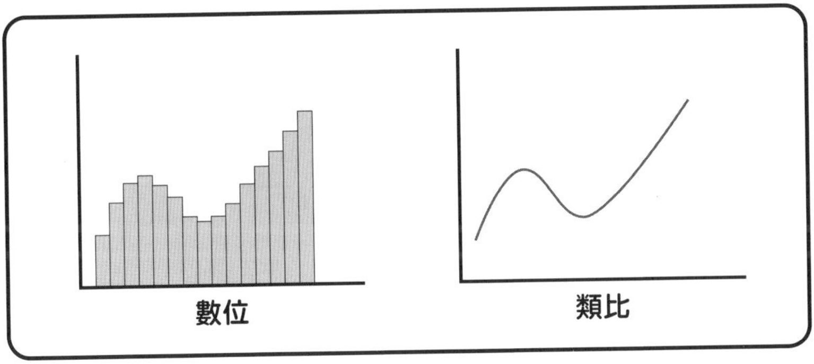

「數位訊號」是把資訊轉換成電訊號的一種方法。過去是將聲音的空氣振動，直接以原本的樣貌轉變成電訊號來傳送，稱為「類比訊號」；聲音的大小與高低，可用電訊號的波形表示，但傳送途中一旦轉弱或亂掉，就無法得知原始樣貌。反觀數位訊號，是把連續資訊分割成小段、變成數字傳送，這麼一來就算傳送受阻，只要再傳送一次同樣的數字就行了，因此能夠更確實的傳送想傳達的內容。

「數位」與「類比」

數位與類比的不同，可以用時鐘來說明。類比鐘是以移動的指針表示時間，指針無止盡的轉動，代表現實的時間連續不斷在流逝。相反的，數位鐘是以某種間隔把連續的時間分段（又稱取樣）為「時、分、秒」，再以數字顯示。

數位鐘

類比鐘

數位就是用「手指」計算

「數位（digital）」一詞據說是來自拉丁語的「手指（digitus）」，因此把分段的資訊（數字）稱為「數位」，就是從折手指算數的動作而來。

插圖／杉山真理

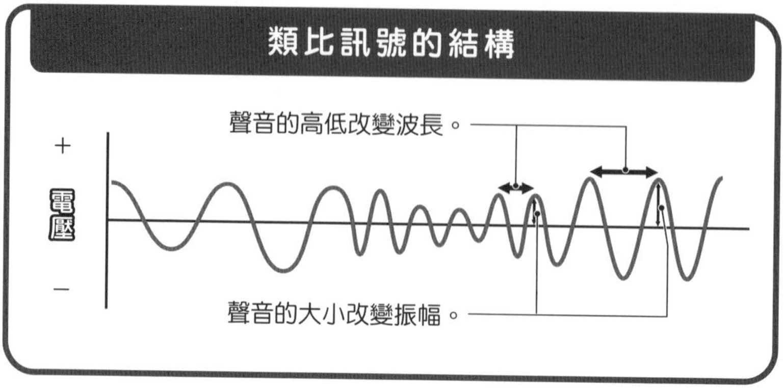
類比訊號的結構
聲音的高低改變波長。
＋
電壓
－
聲音的大小改變振幅。

類比的優點

前面已經說過，數位是把連續資訊分段後顯示（離散），類比顯示的是資訊的連續變化（連續）。這裡將比較數位與類比各自的「優點」與「缺點」。

類比的優點是可以直接呈現出連續且模糊的事物，讓我們能夠直覺的靠感覺去理解。我們通常靠眼睛和耳朵直覺的理解現實，因此將現實轉換成電訊號，能夠以最自然的方式去體驗重現出的現實訊息。

類比的缺點

類比的缺點是，想傳送的資訊無法完整的保留，放久了通常會劣化，即使做了備份，每多複製一次都會導致原始資訊逐漸劣化，而且已經劣化的資訊難以復原。但這些資訊不會一口氣全數消失，可以局部修復，因此有時也很感謝類比資訊有實體存在。

另外就是類比資訊過於龐大，所以很難透過通訊方式傳送到遠方。

數位
類比
電子書
紙本書
音樂檔
唱片
影片檔
錄影帶

插圖／杉山真理

數位訊號的結構

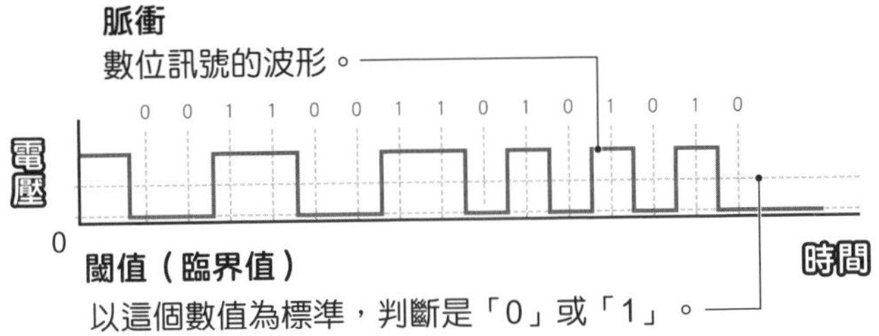
脈衝
數位訊號的波形。
0 0 1 1 0 0 1 1 0 1 0 1 0 1 0
電壓
0
時間
閾值（臨界值）
以這個數值為標準，判斷是「0」或「1」。

數位的優點

數位是把類比訊號轉換成數字格式。我們日常生活通常使用0到9這十個數字，但電腦只用「0」和「1」這兩個數字。這兩個數字就代表了開關的「On（開）」和「Off（關）」，用在機械和電力的表示上也很好懂。

數位化將資訊轉換成了數字格式，所以即使儲存的內容壞掉，只要能夠讀取數字就不會出錯。而且複製和保存都很容易，遠距離傳送更是簡單。

此外，數位化的資訊可以更輕鬆快速的搜尋與變更，這也是優點之一。

數位的缺點

數位的缺點就是，如果不將想傳達的內容明確的表示，就無法傳達。舉例來說，音樂和繪畫一旦數位化，就很難重現音樂細部的音色，以及繪畫的色調等細節。

但是數位與類比的這些差距正在逐漸縮小，小到我們已經很難辨識。藉由縮小取樣的間隔，就能夠產生更正確的資訊。

克勞德・夏農

[Claude Shannon, 1916-2001年]

美國的資訊科學家，於1948年時用數學證明把資訊轉換成數字格式後，可以用機械正確傳送，奠定今日的數位通訊基礎。他證明把類比資訊轉換成數位資訊時，以某種間隔取樣最恰當，因此被稱為是「資訊理論之父」。

插圖／杉山真理

為什麼現在要走向數位化？

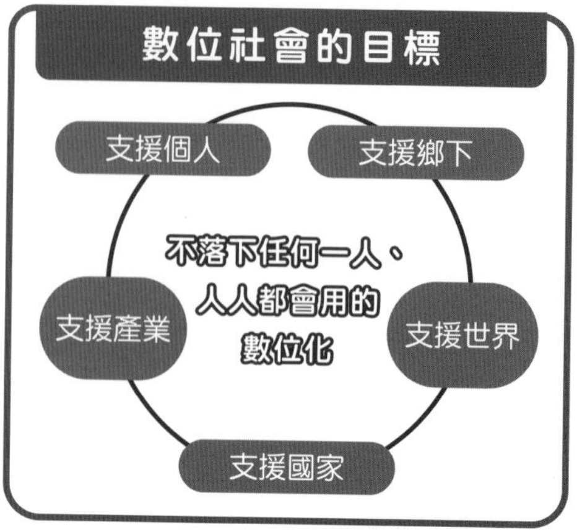

數位社會的目標
支援個人
支援鄉下
不落下任何一人、人人都會用的數位化
支援產業
支援世界
支援國家

將資訊數位化並且透過電腦和網際網路予以善加利用的「數位社會」已經實現，但比起同樣在亞洲的韓國與新加坡等國家，日本打造數位社會的進度相對遲緩。為了彌補差距，讓日本成為全球最先進的ICT※（→一一六頁）國家，日本政府成立了全新的「數位廳」（相當於台灣的數位發展部），其首要之務就是進行數位轉型，將社會中較適合數位化的部分資料數位化，例如將駕照、健康保險、個資等過去沒有整合的數位資訊進行整合，目的就是在發揮數位化的好處。

GIGA數位學校的構想

各位是否在學校上課時用過電腦和平板電腦？在日本是由文部科學省（相當於台灣教育部）推動的「GIGA（global & innovation gateway for all）數位學校構想」，這是為了幫助各位拓展活在新時代與未來的可能性，因而展開的全新學習方式。目的是要讓日本全國兒童與學生都能夠每人一機，除了配備高速網路之外，還準備了電子課本與豐富的線上授課軟體，並在偏鄉地區培養數位指導員等。

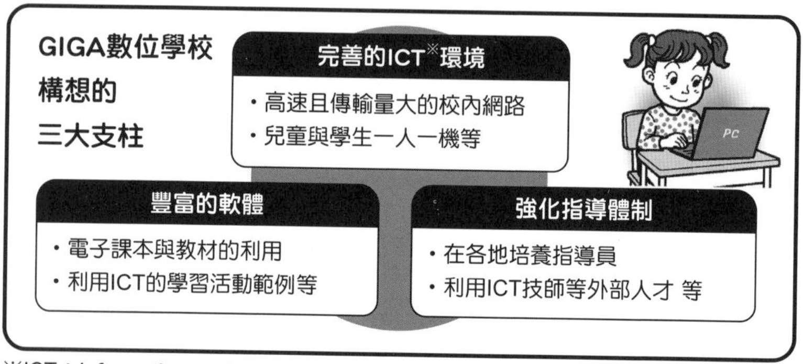

GIGA數位學校構想的三大支柱
完善的ICT※環境
・高速且傳輸量大的校內網路
・兒童與學生一人一機等
PC
豐富的軟體
・電子課本與教材的利用
・利用ICT的學習活動範例等
強化指導體制
・在各地培養指導員
・利用ICT技師等外部人才 等

插圖／杉山真理

※ICT：Information and Communication Technology 的縮寫，意思是「資訊與通訊科技」。

智慧型手機是終極的「哆啦A夢祕密道具」？

類比資訊必須使用各資訊專屬的讀取機器，比如說，聽音樂要用音響，看影片必須使用錄放影機。但這些資訊經過數位化之後，全部變成了數字，各類資訊都可以用電腦處理。

從類比式手機（又稱功能型手機）進化來的智慧型手機，可說是隨身攜帶的電腦，過去需要專屬機器才能執行的事物，只要一支智慧型手機就能搞定。也多虧智慧型手機的問世，加速了數位社會的發展。

另一方面，智慧型手機的普及，也使得手機裡的半導體、各種感應器、馬達、液晶螢幕等小型電子零組件大量生產，價格因此變得很便宜，使用相同小型電子零組件的無人機和3D列印機等電子機器才能夠降低製作成本。

3D列印機

無人機

插圖／杉山真理

智慧型手機能做的事
（舉例）
CD
新聞
DVD
相簿
地圖
相機
收音機
電話
電視
素描本
計算機
手電筒
計步器
定期票
時鐘
書籍
書信
行事曆
信用卡
電玩

史蒂夫·賈伯斯
[Steve Jobs, 1955-2011年]

美國蘋果電腦公司（Apple Inc.）的創辦人，他在 1998 年推出熱賣的個人電腦「iMac」之後，又於 2007 年發表暢銷的「iPhone」，使智慧型手機普及全世界。

插圖／杉山真理

人類程序控制黑痣

五個小時再加三個小時，再加四個小時就是……
真難得!!竟然主動在寫數學作業。
不行啦!!
不管我怎麼算，時間還是不夠。
我有好多事得做喔……
作業、幫媽媽跑腿、拔草……
就做啊。
別說得那麼輕鬆。
你明知道我動作很慢。
如果要做完這些事，就沒時間睡午覺，晚上也不用睡了。
啊啊!!我到底該怎麼辦才好啊？
有空煩惱，不如趕快開始做才對吧。
是你自己浪費時間才會這樣。
你說得也對……
我要出去大玩特玩。
大雄!!

數位關鍵字 **3C產品** 使用數位資訊的電子產品，包括個人電腦、智慧型手機、電視、電玩主機等。

嗨，靜香。
你要去哪裡？
我要去小夫家。
他說如果我準時在三點整去找他，就給我看有趣的東西。
還有五分鐘。
得等一等才行。
真奇怪。
已經三點整了。
有人在嗎？
有人在家嗎？
你好啊。
好像沒人在。
※喀喀
※喀
嗶波巴波，
靜香歡迎您來。
小夫少爺剛好有事外出了。
不過他馬上就會回來，請先進來稍候吧！

數位關鍵字 **中央處理器（CPU）**相當於電腦的頭腦部分，負責執行運算與操控。CPU是英文「Central Processing ↙

這裡有最新的遊戲軟體，請隨意玩吧！
嗶波巴波。
謝謝你。真是聰明的機器人。
這是小夫的聲音啦。他大概是躲在某處遙控吧！
才不是呢。這一定是程式設計所控制的。
程……那是什麼東西啊？
就是事先把動作或聲音錄起來，然後設定時間播放。
時間一到，它就會自動按照設定的命令動作或說話。
答對了！
你還真清楚呢！
因為我在百貨公司有看過。
每天早上七點一到，它就會叫我起床喔。
好可愛喔！
當然也可以用遙控器來操控。

Unit」的縮寫。個人電腦的性能與價格與CPU的性能息息相關。

請喝檸檬茶。
啊，謝謝你。
真不要臉，誰說要給你喝的啊！
那種破爛機器人有什麼了不起嘛!!
好羨慕喔……
你身邊已經有我這麼優秀的機器人還不滿足嗎？
你說的是沒錯，可是……
我想用程式什麼的來操控啊。
「人類程序控制黑痣」。
這是為了忙碌的人所設計的黑痣，可以讓人類依照程式設計來活動。
這真是太適合我了！

數位關鍵字 **電腦記憶體** 電腦在作業時，暫時存放資料和程式的零件。也稱為RAM（隨機存取記憶體），相當於工作用的書桌，書桌越大（記憶體的容量越大），作業也會進行得更快更輕鬆。

只要把想做的事情灌入黑痣中，然後貼在身上睡著，就可以邊睡邊工作。
不過一顆只能做一件事喔。
我要寫作業，
還要拔草，
幫媽媽跑腿……
為了讓事情順利進行，
我得先把東西準備好。
要幫你送什麼東西呢？
把這個送到阿姨家去。
拔草用的手套也要準備好……
雖說邊睡邊做，我一個人似乎還是會太累……
「隱形噴漆」借我一下。
隱形要去哪裡啊？
作業就拜託出木杉來寫好了。

然後胖虎幫忙拔草，小夫去跑腿。
靜香就和我一起快樂玩耍吧！
咦？
怎麼這麼吵啊？
哇啊？
這是怎麼回事？
你現在要去幫媽媽跑腿？
鼾……
胖虎在寫作業。
鼾……

數位關鍵字　輸入(input)

意思是把資料和控制訊號給電腦。除了用鍵盤、滑鼠、觸控板等輸入裝置進行之外，還有攝影機的影像傳輸、麥克風的語音輸入等。從外接記憶體讀取檔案也稱為「輸入」。

小夫在拔草。
鼾……
鼾……
大概把黑痣貼錯了。
結束了啊？辛苦了。
ヘトヘト
フラフラ
※搖搖晃晃、喘
所有事都完成了，真是輕鬆。
我還和靜香玩了一整晚，好開心。
他本人這麼認為，就這樣吧。

電腦與程式設計

電腦的登場

電訊號發展成數位訊號後，各種場合都能夠使用電腦。電腦是可以正確且高速運算的機器，資料經過數位化轉換成數字，電腦就能夠處理文字、圖片、音樂、影片等。

最早的數位電腦是在一九四〇年代問世，當時是為了給專家使用而打造的。一開始的電腦，大小有一個房間那麼巨大，後來體積逐漸變小、性能也越來越高之後，成為現在人人都能夠輕鬆使用的個人電腦與智慧型手機。

插圖／杉山真理

把「數位」用途發揮到極致

個人電腦是由各種裝置組合而成，主結構是擁有下圖這五種功能的裝置，使用者一邊看著屬於輸出裝置的顯示器（電腦螢幕），一邊在輸入裝置上輸入文字和數字。電腦的中央處理器（CPU）依序執行暫時存放在隨機存取記憶體（RAM）的指令。輔助儲存記憶體則是用來儲存資料的裝置。

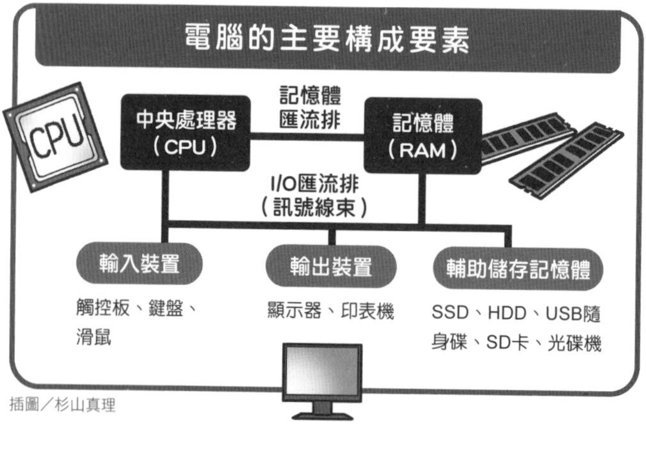
電腦的主要構成要素
CPU
中央處理器（CPU）
記憶體匯流排
記憶體（RAM）
I/O匯流排（訊號線束）
輸入裝置
觸控板、鍵盤、滑鼠
輸出裝置
顯示器、印表機
輔助儲存記憶體
SSD、HDD、USB隨身碟、SD卡、光碟機

插圖／杉山真理

「0」與「1」的世界

我們平常使用的「十進位法」是每逢10就進一位，但是電腦只有「0」和「1」兩個數字，是以「二進位法」進行運算。只以0和1處理所有資訊的技術，稱為數位技術。

電腦以0和1所表示的最小單位，是「位元（bit）」。1位元代表的資料是0或1的其中一個，位元越多時，就能夠處理更多資料。

位元與數字的對應

十進位	位元				二進位
0	0	0	0	0	0
1	0	0	0	1	1
2	0	0	1	0	10
3	0	0	1	1	11
4	0	1	0	0	100
5	0	1	0	1	101
6	0	1	1	0	110
7	0	1	1	1	111
8	1	0	0	0	1000
9	1	0	0	1	1001
10	1	0	1	0	1010
11	1	0	1	1	1011
12	1	1	0	0	1100
13	1	1	0	1	1101
14	1	1	1	0	1110
15	1	1	1	1	1111

▲用4個位元，能夠表示0到15的數。8個位元可表示0到255的數。

檔案的單位

無論是文字、圖片、音樂都可以用0和1的組合表示，使用16個位元就能夠安排顯示出所有的注音符號和中文字。資料分割越細，越能夠表現出圖片和音樂的細節，但這麼一來檔案也會變得很大。

檔案變大的話，單位就需要用到「位元組（byte）」了。8位元等於1位元組，每增加一千倍，就會變成KB、MB、GB、TB。這些單位是用來表示記憶體的記憶容量。

資料的單位

1位元	2的一次方（0, 1）
2位元	2的二次方＝4 (00,01,10,11)
4位元	2的四次方=16 (0000～1111)
8位元	2的八次方＝256 (00000000～11111111)
16位元	2的十六次方＝65536 (0000000000000000～1111111111111111)

單位	大小
1位元組(Byte)	8位元(Bit)
1千位元組(KB)	1024位元組(Bytes)
1百萬位元組(MB)	1024 KB
1十億位元組(GB)	1024 MB
1兆位元組(TB)	1024 GB

插圖／杉山真理

程式正確，電腦就會動起來。

何謂程式設計？

電腦是遵照既定指令進行運算的機器，要怎麼行動、要做什麼工作，都需要人類給予指令，這就稱為「程式設計」。

舉例來說，當要刷牙時，你需要拿起牙刷，把牙刷送到口腔裡動手刷牙，接著將牙刷放下，拿起漱口杯，打開水龍頭讓水流出，把水裝進漱口杯裡，關上水龍頭，然後把漱口杯送到嘴邊漱口。

這一整個刷牙動作的順序如果有錯，就無法完成刷牙這項任務。同樣的，把需要處理的工作依序寫出來，就是程式設計，而寫出來的東西就是電腦程式。

指令的特殊用語

電腦是機器吧？如果不用機器的語言跟它溝通，它當然就會聽不懂。所以要傳達人類的需求時，必須翻譯成電腦專用的特殊語言才行，因此才會出現「程式語言」。就像人類的語言有日文、英文等，程式語言也有機器語、C語言、Python等許多種類型。

個人電腦和智慧型手機使用的應用程式（APP）也都是用程式語言寫成的，我們可以配合開發應用程式與電玩遊戲、架設網站、開發AI等不同目的來選擇程式語言。

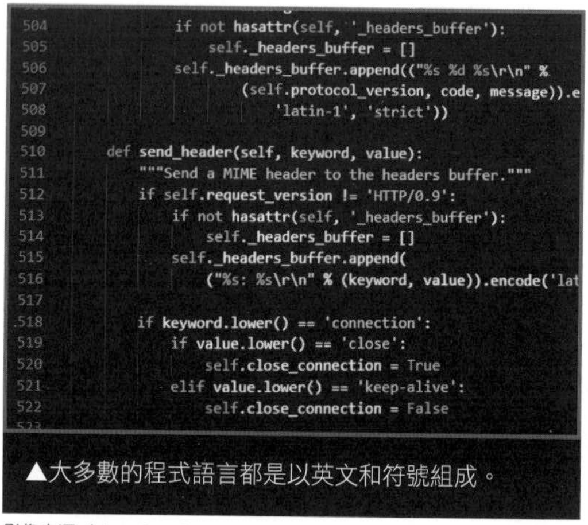

if not hasattr(self, '_headers_buffer'):
self._headers_buffer = []
self._headers_buffer.append(("%s %d %s\r\n" %
(self.protocol_version, code, message)).e
'latin-1', 'strict'))
def send_header(self, keyword, value):
"""Send a MIME header to the headers buffer."""
if self.request_version != 'HTTP/0.9':
if not hasattr(self, '_headers_buffer'):
self._headers_buffer = []
self._headers_buffer.append(
("%s: %s\r\n" % (keyword, value)).encode('lat
if keyword.lower() == 'connection':
if value.lower() == 'close':
self.close_connection = True
elif value.lower() == 'keep-alive':
self.close_connection = False

▲大多數的程式語言都是以英文和符號組成。

影像來源／Jonathan Cutrer on Flickr

插圖／杉山真理

在學校學程式設計？

在數位化持續發展的社會中，懂得使用電腦將成為不可或缺的能力，因此日本政府在二〇二〇年起規定國民必須從小學開始學程式設計。但並不是一入門就學困難的程式語言，主要目的是在培養「運算思維（Computational Thinking）」。

舉例來說，當你想要讓電腦做些什麼時，你要思考如何在有限的數量下，哪些事情要以什麼樣的優先順序排列組合去編寫，這種邏輯思考方式就是程式設計。培養這種思考方式，也能夠提高在日常生活中解決問題的能力。

挑戰畫正三角形

即使你命令電腦：「畫出正三角形！」電腦也不會理你，你必須想想正三角形這個形狀具有哪些特徵、自己動手畫的時候會以什麼順序畫線，再組合出電腦能夠理解的指令給電腦。

畫正三角形的程式

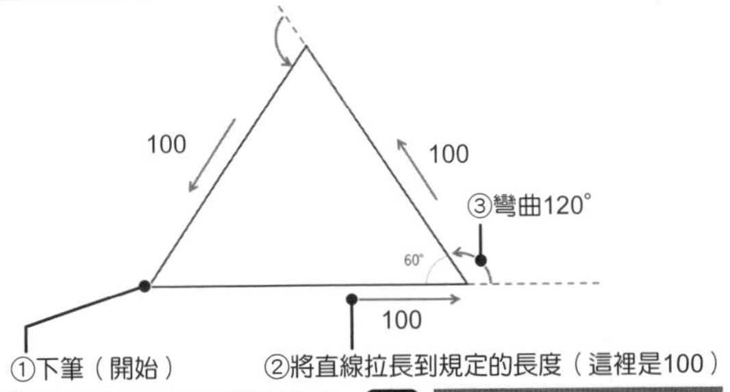
100
100
③彎曲120°
60°
100
①下筆（開始）
②將直線拉長到規定的長度（這裡是100）

做法1

- 按下開始鍵時
- 下筆
- 長度前進到100
- 左彎120°
- 長度前進到100
- 左彎120°
- 長度前進到100
- 收筆

做法2

- 按下開始鍵時
- 下筆
- 重複三次
  - 長度前進到100
  - 左彎120°
- 收筆

開頭就給予重複的指令。

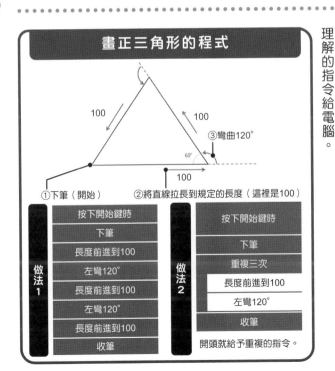

有線通訊的架構

數位資訊的優點在於它可以讓相隔兩地的電腦快速的交換資訊。後面的章節（↓見六十九頁）將會說明為此而存在的網際網路與雲端服務的架構，這裡將先介紹奠定此兩者的基礎，也就是通訊。

傳送資訊的方式包括有線通訊和無線通訊，有線通訊正如字面所示，是電腦以實體的電纜連接，用電纜傳送訊號的方法。電纜的材質包括容易導電的銅線、光纖。

有線通訊的優勢在於，因為有實體的纜線實際相連在一起，所以通訊穩定，即使是大量資訊也能夠快速的送達。

插圖／杉山真理

通訊電纜（例）

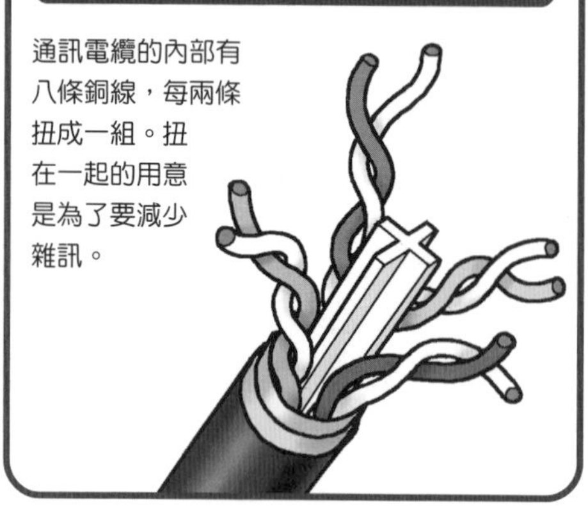

通訊電纜的內部有八條銅線，每兩條扭成一組。扭在一起的用意是為了要減少雜訊。

光纖纜線

不是用電而是用光傳送資訊的是「光纖纜線」。光和電一樣，可以在纜線內以波的形式傳播。況且光訊號的通訊速度據說大約是電訊號的一百倍，能夠高速傳輸大量的資訊，再加上可以做長距離傳送，以及不容易受雜訊干擾，因此最適合使用在有線通訊上。

美國和日本之間，就有用來通訊的跨太平洋海底光纖纜線相連。

光纖纜線的結構

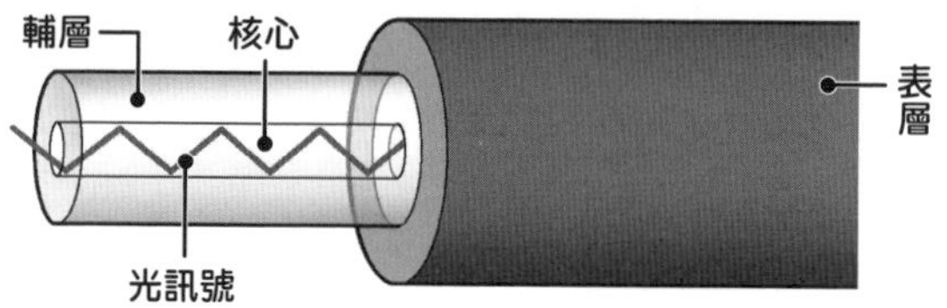

光纖內部是玻璃管，玻璃管的核心是直徑不到0.01㎜、稱為「纖芯」的玻璃纖維。包覆在核心外層的是其他玻璃纖維，稱為「輔層」。光訊號是在核心裡一邊反射輔層一邊前進。

插圖／杉山真理

便利的無線通訊

這種通訊方式是以無線電波傳送變成電訊號的資訊。以天線取代電纜，從天線發送無線電波給天線，無線電波就能夠經由空氣傳送資訊。智慧型手機裡面也有天線喔。

海因里希・赫茲

[Heinrich Hertz, 1857-1894年]

插圖／杉山真理

以實驗證明無線電波存在的德國物理學家。1888年，因為電路冒出火花，他發現十幾公尺外的其他電路也會出現火花，因此確定無線電波會在空氣中傳送。

古列爾莫・馬可尼

[Guglielmo Marconi, 1874-1937年]

插圖／杉山真理

義大利的發明家。他注意到赫茲發現的無線電波可以運用在通訊上，並且在1901 年成功挑戰跨越大西洋的無線通訊。

無線通訊網路的分類

無線通訊根據速度和使用的電力等，可分成幾個類型。

縱軸：大範圍、遠距離（上）／小範圍、近距離（下）
橫軸：低速、消耗電力少、低成本（左）／高速、消耗電力大、高成本（右）

LPWA
用於確認山林和牧場牛馬狀態等，遠距離且低耗電（電池）的需求。

LTE
智慧型手機與個人電腦等使用的通訊方式。成本略高。

5G（→見144頁）
可高速且大量通訊，可連接許多裝置。

Bluetooth（藍牙）、NFC、ZigBee
用於個人電腦的周邊設備、智慧型手機等的近距離／低速通訊方式。

Wi-Fi（無線網路）
智慧型手機和個人電腦等在特定區域內上網時可使用。

來自未來的禮物

我又買了新腳踏車，八段變速喔。
好棒喔。
我也要叫爸爸買。
我討厭自己的腳踏車！都已經不能騎了。
說什麼都要買！
我說什麼都要買！

這支球桿我都用十年了。
既然你這麼說。
這套衣服我也穿滿久的了。
看來不行。
世界上想要的東西那麼多，
卻買不起啊。
買不起啊……
好睏喔。
這是什麼書？

數位關鍵字 輸出（output）指的是電腦運算出來的資料和資訊。輸出的方式也有很多種，包括在顯示器上顯示畫面、用印表機列印、從喇叭播出音樂等，這些機器一概稱為「輸出裝置」。透過通訊傳輸資料也稱為輸出。

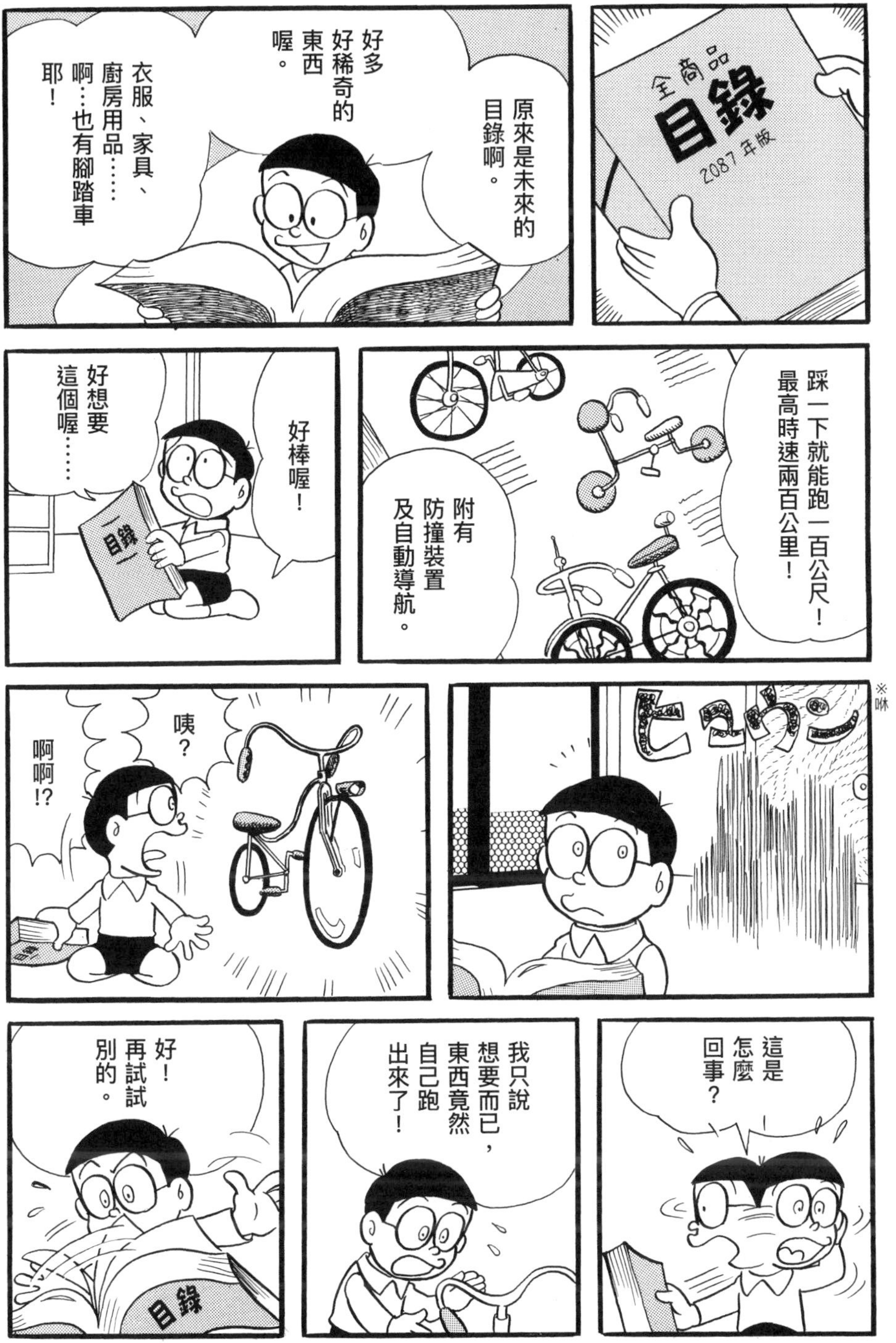

全商品
目錄
2087年版
原來是未來的目錄啊。
好多好稀奇的東西喔。
衣服、廚房用品……、家具、啊…也有腳踏車耶！
踩一下就能跑一百公尺！最高時速兩百公里！
附有防撞裝置及自動導航。
好棒喔！
好想要這個喔……
目錄
※咻
咦？
啊啊!?
目錄
這是怎麼回事？
我只說想要而已，東西竟然自己跑出來了！
好！再試試別的。
目錄

最新高爾夫球具。
附有強力彈簧桿面，以及方向控制裝置。
我想要這個高爾夫球具！
ヒュウン
來了!!
※咻
也要這件衣服。
ヒュウン
※咻
沒關係！儘管收下。
這是報答你們的一點點心意。
※咻～
不愧是未來的腳踏車。
我騎上去，居然沒有翻車。
ビュウ

數位關鍵字 **SSD固態硬碟** 電腦的輔助儲存記憶體之一，SSD是Solid-state drive的縮寫。SSD使用快閃記憶體存取資訊，耐撞擊，靜音且讀取速度快。

剛剛是什麼？像風一樣？
※嘰
キーッ
你們好。
這是我的最新型腳踏車！怎麼樣？
時速兩百公里？
在哪裡買的？
嘿嘿！只要有這個，
任何東西都可以到手喔。
如果你們也有想要的東西……
給我！
快借我！
音響啦、錄音機啦、還有玩偶，
我拿了一堆送他們。大家都好開心！

你……
你……
你闖下大禍了！
別嚇我啊！我又沒怎樣！
你還敢說？
這個可是郵購的目錄！
什麼？會來收錢嗎？
什麼時候？
大概多少錢啊？
你亂買一通。
差不多快來了。
大概要五百萬吧。
糟糕！那我趕快拿去退貨。
東西是不能退的！
如果付不出錢呢？
他們會以詐欺罪名將你逮捕。

數位關鍵字 **HDD傳統硬碟** 電腦的輔助儲存記憶體之一，HDD是Hard Disk Drive的縮寫，也稱為機械硬碟。HDD

我不要！快想想辦法啊。
誰叫你亂來。
要不要用分期付款，每月從你的零用錢扣呢？
月付五百元的話……
我算算看。
只好跟爸爸媽媽商量了。
一定不行的。
是的，沒錯。
我家是有一個叫大雄的孩子……
關於大雄的腳踏車……
我說過我家沒有買腳踏車啊！
快逃。

使用高速旋轉的圓盤（磁碟）存取資訊，特徵是儲存容量很大。

哇！他追過來了！
※唧～
再快一點！
這是最快的了。
你要騎去哪啊？
我怎麼知道。
※解體

數位關鍵字 **USB隨身碟** 以USB連接電腦存取資料的輔助儲存記憶體。體積小，可直接插在電腦上使用，而且耐撞↖

※碰

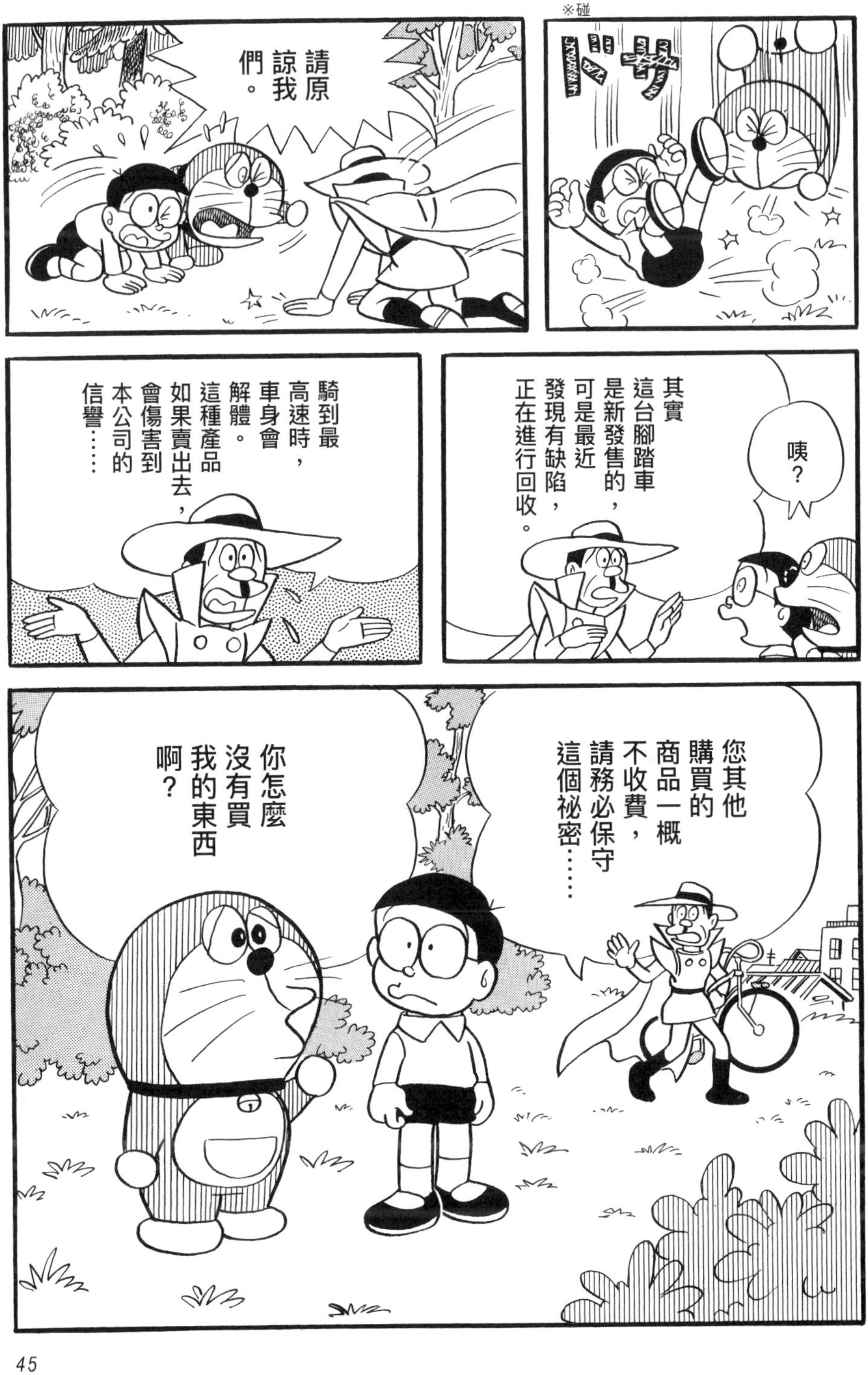
請原諒我們。
咦？
其實這台腳踏車是新發售的，可是最近發現有缺陷，正在進行回收。
騎到最高速時，車身會解體。這種產品如果賣出去，會傷害到本公司的信譽……
您其他購買的商品一概不收費，請務必保守這個祕密……
你怎麼沒有買我的東西啊？

擊，因此迅速普及。

讓生活更舒適的數位轉型

數位技術帶來的生活改變

「數位轉型（Digital Transformation，簡稱DX）」的目標在於「透過資訊科技的普及，改善生活的各個層面」。為了實現這點，日本現在正在針對社會、產業、行政等各方面進行各式各樣的數位轉型。數位轉型持續推進，我們的生活將會因為前所未有的數位科技服務，變得更加便利與舒適。日常生活中可以看到的例子，如：使用電子貨幣的無現金支付、遠距工作等，也都是數位轉型的一環。

最早倡議數位轉型的是艾瑞克・史托特曼

「數位轉型」是2004年由大學教授艾瑞克・史托特曼（Erik Stolterman）所提出。史托特曼談到數位轉型，認為人們必須通盤思考全面數位化是否真的能夠帶來「美好生活」。

艾瑞克・史托特曼（美國印地安納大學教授）

插圖／杉山真理

全面數位化之後更方便！

「錢」的數位化
➡電子貨幣

把現金變成數位資料，就能夠加快支付速度。

「移動」的數位化
➡遠端工作

不必出門上班，使用網路就能工作。

「錢」與「移動」的數位化
➡網路購物

選購商品更加的輕鬆簡便。

插圖／杉山真理

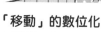

數位化三階段

數位化	把使用紙張、音訊等記錄的類比資訊變成數位資訊。
流程數位優化	把作業方式、物品交易的方式等作業流程數位優化。
數位轉型	基於前兩階段的成果產生出新的服務，影響社會。

數位化與數位轉型

就像是起點與終點的關係，將各種事物分階段進行數位化，就能夠發展成數位轉型。

發展的起點是「數位化（Digitization）」，接下來是「流程數位優化（Digitalization）」，最後是終點「數位轉型（DX）」，分成這三個階段。

我們來看看下方以拍照這件事來解說的例子，就可以更容易的了解在各發展階段發生的變化，以及數位轉型的過程。

數位化三階段以拍照來比喻……

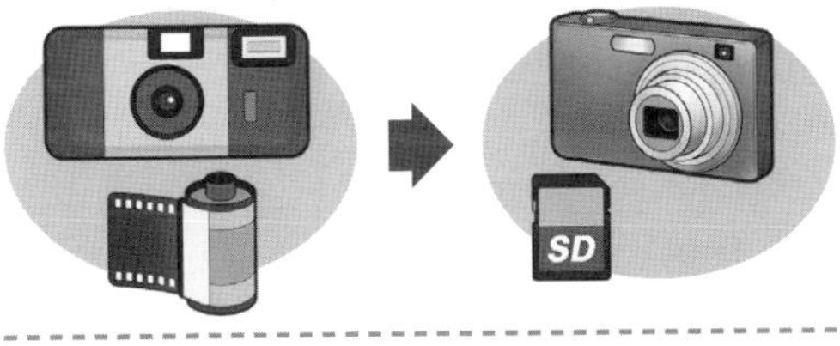

數位化

從以前的底片相機轉換成數位相機。

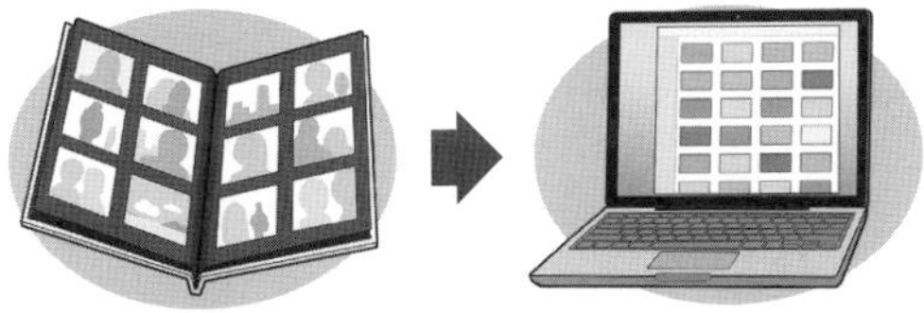

流程數位優化

不用再洗成照片，可以在網路上傳送照片檔案。

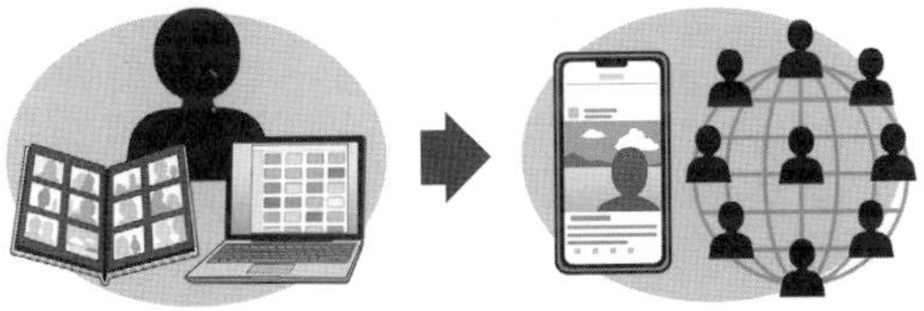

數位轉型

能夠透過網路與世界各地的人分享照片檔案，社群網站等新服務誕生。

插圖／加藤貴夫

公司與工作上的數位轉型

企業進行數位轉型的目的，是在藉由資料和數位技術，從根底大幅改變事業整體。企業也因為數位轉型，陸續催生出全新的工作方式與過去沒有的服務，好因應社會的持續數位化。

改變音樂和書籍等欣賞方式的「訂閱制」、叫車服務「Uber」等最近相當受歡迎的服務，也在企業的數位轉型下誕生。使用服務的我們，也能夠像這樣體驗新生活的樂趣。

企業的數位轉型催生出「訂閱制」、「Uber」等新服務

各位或許也用過？我們一起來看看這兩種新服務的結構吧。

「使用」但不購買的「訂閱制」

在付費期間可以無限量的看書、聽音樂，比購買的自由度更高。

音楽
ゲーム
まんが
映画

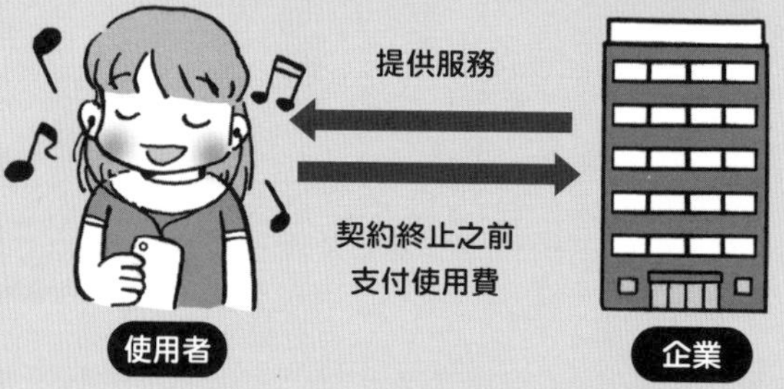

提供服務
契約終止之前
支付使用費
使用者
企業

以全新方式成功連結人與車的「Uber」

TAXI

企業的收入來自於把乘客介紹給司機的手續費。這是企業不需要擁有車也能提供載運服務的新方式。

給司機評價
Uber
介紹
乘客
派車
TAXI
扣除
介紹費的車資
載送
司機
乘客
送到目的地

插圖／佐藤諭

「二〇二五數位懸崖」是什麼？

日本的數位轉型速度相較於其他國家都來得慢，主要的原因來自日本企業使用的資訊科技系統。即使進行系統更新，想要做數位轉型，還是會產生各種問題。解決這些問題的期限就被稱為「二〇二五數位懸崖」。

據說，如果屆時還無法解決，日本的經濟和社會將會蒙受重大的損害，幸好日本政府已經提出相應的對策。

▲2025 年迫在眉睫，希望大眾重視數位轉型的動向。

▲日本政府提供企業補助金更新資訊科技系統。

插圖／杉山真理

帶來「2050數位懸崖」的三大問題點

多數維護這些舊系統的技術人員到2025年左右就會退休，屆時將面臨人才不足的窘境。

與發展數位轉型、採用新技術的其他國家相較之下，依然使用老舊系統的日本技術發展遲緩。

早期網路採用的技術已經過時，系統也過於龐大，想要更新太困難。

插圖／杉山真理

分身槌

數位關鍵字 **遠距工作** 意思是在公司以外的家中等地方透過網路工作。也稱為在家工作（Work From Home，簡稱WFH）。

石頭，平手。
剪刀、石頭、布。
好難分出勝負喔，真傷腦筋。
你在幹嘛？
今天有很多作業要寫。
那就趕快寫啊。
靜香找我去她家玩……
我好想去喔。
所以我只好猜拳。如果右手贏了就寫作業，左手贏了就去靜香家……
真是被你打敗。

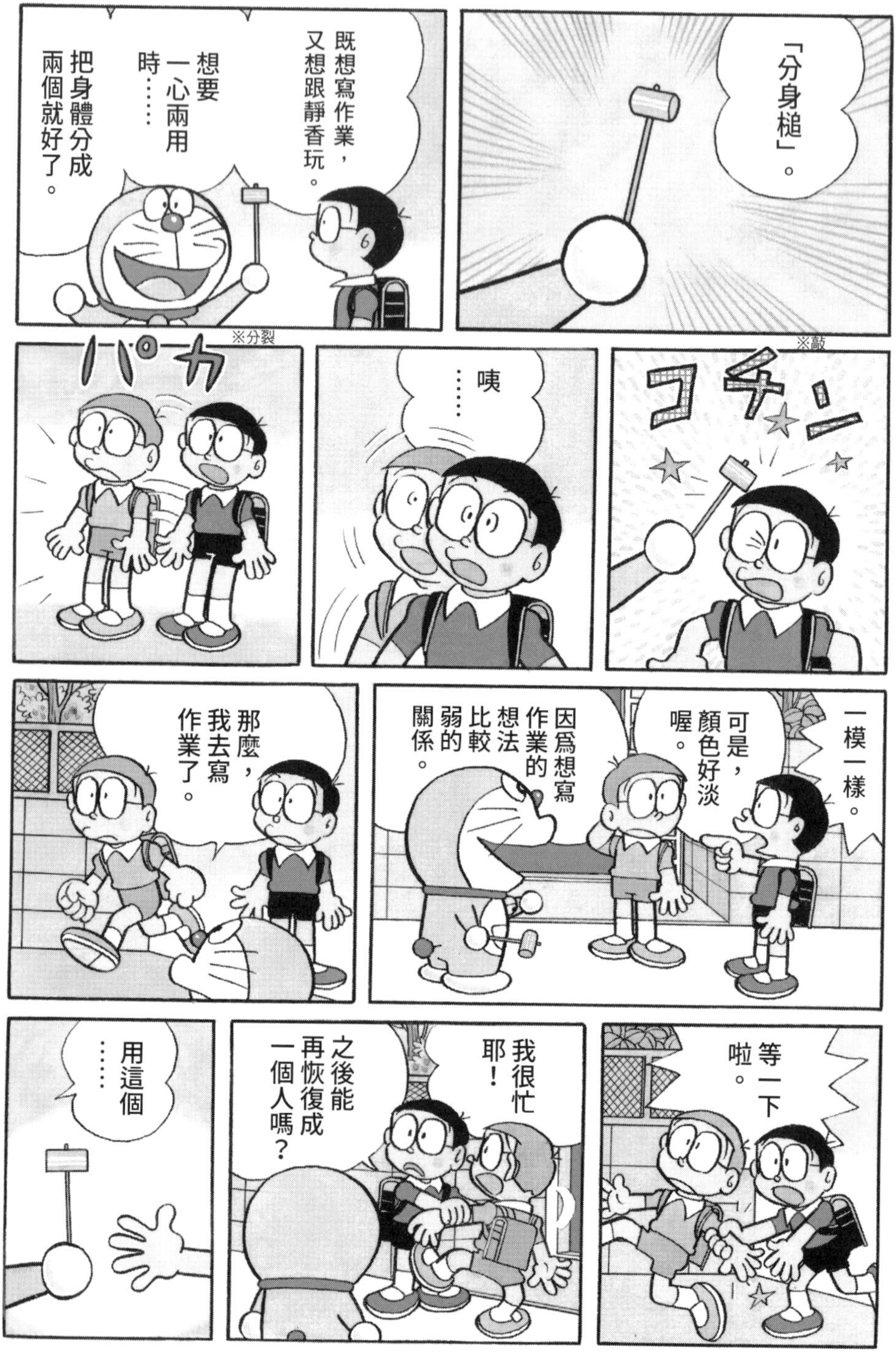
「分身槌」。
既想寫作業，又想跟靜香玩。
想要一心兩用時……
把身體分成兩個就好了。
※敲
咦……
パカ
※分裂
一模一樣。
可是，顏色好淡喔。
因爲想寫作業的想法比較弱的關係。
那麼，我去寫作業了。
等一下啦。
我很忙耶！
之後能再恢復成一個人嗎？
用這個……

數位關鍵字 資訊科技（IT）

使用電腦的資訊技術通稱為「資訊科技」。不只是電腦本身，應用程式、網際網路相關↙

技術也包含在內。

再敲一次……
恢復了。
コツン
※敲
這樣我就放心了。
好像很想寫作業的樣子。
去靜香家玩吧。
ドタドタドタ
※咚噠、咚噠
大雄!!
沒有把作業寫完就不准……
出去玩……
不要打擾我讀書!
?
抱歉。

人數不夠，馬上給我過來。
這……
等等……
我們有這個啊。
※敲
ゴツン
※分裂
ピョコ
縮回來了。
果然興致缺缺。
※敲
ゴキーン
拜託囉。
這樣就可以放心去玩了。
是啊。
歡迎~

數位關鍵字 **電子貨幣** 指的不是硬幣和紙鈔等實體貨幣，而是數位化的錢。透過數位交易的方式，可以跟實體現金一樣

購物、接受服務。把需要的金額儲值到專用卡片或智慧型手機的專屬APP裡，就能夠使用。

怎麼寫也寫不完。
急死人了。
可惡，你又失誤了！
我忍不住了。
雖然很浪費時間，可是我要去上廁所。
バシャ
※啪嘩
走路小心點。
對不起……
都是你害我們輸球的!!

※啪嘩
誰都有犯錯的時候嘛。
我剛剛才提醒過你的。
你是不是故意的啊？
再有下次，我饒不了你。
我會注意的。
光顧著玩……
回來晚了。
※嘩砰

數位關鍵字

即時

意思是「立刻」、「同時」。資料產生時（在輸入的同時），電腦立刻執行運算，就稱為即時。

數位孿生——虛擬的替身改變世界？

數位孿生是什麼？

各位知道「數位孿生（Digital Twin）」嗎？這是一種在「數位」世界中重現「現實」世界的技術，在數位空間中打造、複製與現實空間相同的環境。你可以把它想像成是在製造現實世界的雙胞胎兄弟，因此稱為「數位孿生」。

數位孿生藉由IoT（物聯網）收集各類的資訊後，即時傳送到雲端伺服器（網路上的保管場所），由AI（人工智慧）進行分析處理。這項技術的特別之處是能夠即時重現現實空間，這點是在過去的數位空間中很難辦到的。

使用數位孿生，就能夠透過數位空間預測未來的狀況。比方說，製造業可藉由數位孿生發現機械故障發生的可能性，再透過程式設計等措施採取對策，及早停用。

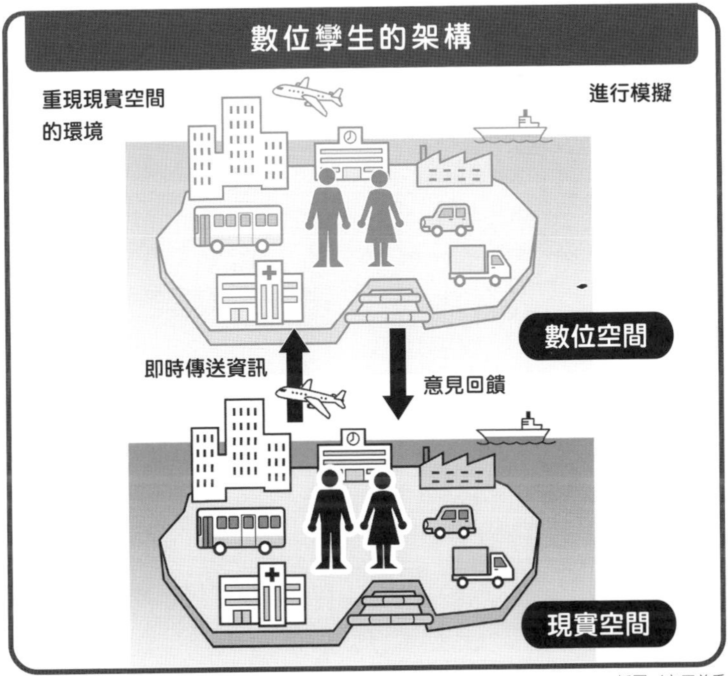
數位孿生的架構
重現現實空間的環境
進行模擬
數位空間
即時傳送資訊
意見回饋
現實空間
插圖／宮原美香

什麼場合可利用數位孿生？

利用數位孿生進行模擬，與過去採用的方式最大的不同在於「即時性」，以及「與現實世界的連動」這兩點。

過去的模擬方式是根據分析現實情況所做出的假設，因此與現實之間缺乏關聯，即時性也偏低，容易產生誤差，耗時又徒勞無功。相反的，數位孿生能夠即時收集並重現現實空間的資訊，根據這些進行對未來的預測，能夠達到更加真實且沒有浪費的模擬。

大量客製化實現輕鬆生產原創產品！

大量客製化是將「大量生產」與「接單式生產」合併的生產方式，英文稱為 mass customization。一收到訂單就把檔案數位化，能夠以和過去大量生產同樣的速度和成本，提供少量、多樣化、客製化的生產。

製造業的數位孿生

●設備維護提升

生產線出問題時，感應器會與數位孿生連結，快速鎖定原因並改善。

●品質提升，成本降低

耗費龐大成本的新產品開發，也能夠在數位空間多次試做，有助於降低成本，提升品質。

●風險降低，時間縮短

可預測生產線的狀況，降低在現實中發生的風險，安排最恰當的人力與最短的生產動線。

●提供妥善的售後服務

監控出貨後的產品，掌握狀態和耗損等，能夠在最適當的時機建議更換零件等。

應用前
故障了
原因調查中、修繕的方式……
新產品開發
基於成本考量，試做的次數和材料有限……
開始製造
生產線就因出狀況而停止。
顧客對應也有時效性。
應用後
故障了
故障原因在這裡！立刻就能下令修繕。
新產品開發
在數位空間進行可以不用擔心成本。
開始製造
這裡好像很忙，調派人手過去。
提醒顧客做保養。
AI

插圖／杉山真理

各領域的數位孿生

■飛機引擎維修

美國GE奇異公司（General Electric Company）從安裝在飛機引擎上的兩百顆感應器收集即時資訊，並參考氣象等資訊打造數位空間，利用AI進行分析，規劃適當的引擎維修保養時間。

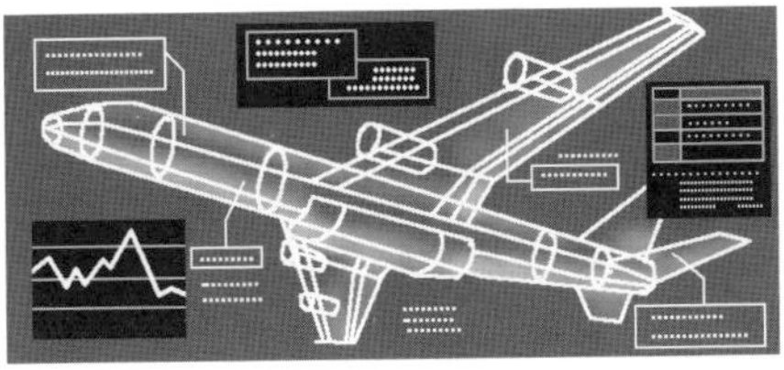

■分析運動選手的動態

被稱為「第一屆數位世足賽」的二〇一八年世界盃足球賽，使用「電子表現與追蹤系統（Electronic Performance and Tracking System，簡稱EPTS）」，在數位空間上即時監看選手與球的動態、心跳次數和疲勞程度，可以即時將這些數據傳送給總教練和負責分析的人員，據說對球隊的決策產生重大的影響。

■災害問題採用的數位孿生

日本富士通公司利用數位孿生，在台灣進行智慧水庫合作計畫，在數位空間中重現真實的水庫，將無人機拍攝到的水庫形狀、四周地形狀態等透過5G通訊即時傳送。並配合水庫的儲水資訊、大氣狀況等，能夠簡單明瞭看到上游流下來的水怎麼儲存在水庫裡、如何洩洪到下游等，藉此預測颱風等可能引發的氾濫等災害，就能夠事前擬定因應對策。

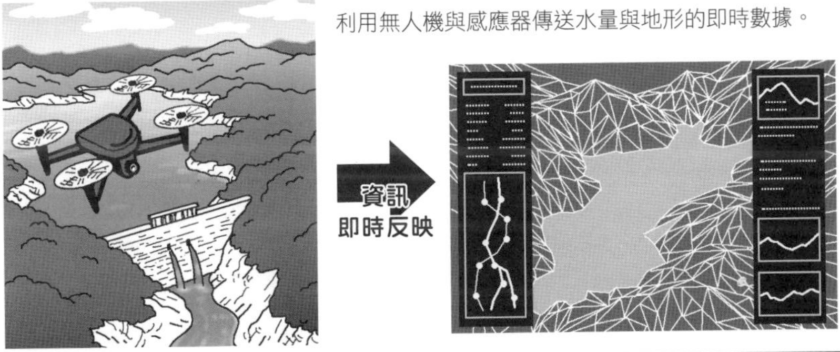

利用無人機與感應器傳送水量與地形的即時數據。

插圖／杉山真理

替整座城市製作數位孿生

日本國土交通省（相當於台灣的交通部）與民間企業合作，打造人人都能使用的3D城市模型「PLATEAU」，實現城市的數位孿生。

東京都準備應用這套模型製作「東京都的3D模型」，重現各種即時狀況。一旦實現，就能夠以設置在城市的感應器、民眾身上的通訊器材等取得的資料做為基礎，接收壅塞狀況等即時資訊，讓人車都能夠順暢移動。

在防災方面，舉例來說，河川地區的河川剖面數據、水位的即時測量資訊，都能夠與數位空間的氣象數據結合，預測河川的氾濫風險，遠端遙控現實空間的水門開啟或關閉，指示避難等，防患於未然。

此外，我們還可以透過數位孿生視覺化的看出基礎建設的狀況並進行分析和模擬，預測劣化狀態等。劣化嚴重的地方優先進行檢查，施工補強，就不會浪費人力物力。

有了複製現實空間的數位空間雙胞胎兄弟「數位孿生」，就能夠即時更新資訊，發展出更便利舒適的未來社會。

城市的數位孿生
數位孿生利用感應器和民眾身上的工具進行更新
即時反應各種狀況。
即時資訊的收集。
分析
收集
掌握每個人的動向和擁擠狀況，協助安全移動。
利用3D掌握地下的情況，管理民眾賴以維生的地下管線。

插圖／杉山真理

四次元口袋

※匡咚、匡咚

大雄又把東西弄亂了。
真是沒規矩！
你老是塞一些沒用的東西。
不要的東西就把它丟掉！
不要的東西啊……
這些我都還要耶！
這個壞掉的檯燈可以丟了吧！

數位關鍵字

攜帶裝置

也稱為行動裝置，可隨身帶著移動到其他場所或室外使用的小型電腦與通訊設備，例如：智慧型手機、類比式行動電話（或稱功能型手機）、筆記型電腦、平板電腦等。

在停電時可以拿來用啊！
不能動的電風扇在天氣不熱的日子可以使用。
破掉的杯子在不想喝東西的時候……
所有的東西都可能派上用場，所以我捨不得丟掉。
對了！
驚訝！
哆啦A夢的口袋，
再多的東西都可以放得進去……
我不要！
這不是垃圾箱。
有什麼關係？小氣鬼！
那麼，我借給你另一個好了。
你要借我什麼東西？
「四次元口袋」。

這跟我的是一樣的喔！
裡面是另一個空間，不管多少東西都可以放進去！
我來試試看！
不過，這麼大的東西……
放進去了!?
スポ
好有趣！
如果你隨便亂放進去，拿出來時會很麻煩喔。
連書桌都可以放進去！
太厲害了！
ガラーン
如何？
※咻啪
※空無一物

數位關鍵字 SNS Social Networking Service的縮寫，意思是「社群網路服務」，也就是可透過智慧型手機與個人電腦

媽媽嚇一跳的表情，
真是好笑！
你怎麼了？怎麼在這裡發呆呢？
這些漫畫……
媽媽叫我拿去丟掉。
人家收集很久……
別哭了，
我幫你收起來好了。
不管多少東西都可以放進去。
哇啊！好棒的口袋喔！
讓我躲在你的口袋裡吧！
這樣我很困擾耶，不可以隨便進去！
少囉唆！

胖虎！
躲到哪裡去了？
原來……
你媽媽已經走了，你可以出來沒關係囉。
讓我在這裡休息一下吧！
鼾鼾~
我聽靜香說了，
她說你有口袋可以放不要的東西。
才沒有那回事！
媽媽叫我把這隻撿到的狗丟掉，讓我放進你的口袋裡吧！
放活的動物，我會很困擾耶！
如果你拒絕，牠會咬你喔！
嗚！
都沒遇到好事呢？
還是回家吧！

數位關鍵字 **APP** APP Application的簡稱，意思是「應用程式」。智慧型手機用的稱為APP，個人電腦用的多半稱為軟體

咦？有人掉了東西？
會是什麼呢？
喵～
喵～
這些貓給你
你在幹嘛？不可以把貓丟在那裡！
不是我丟的！
你騙人！
給我帶回去！
那是什麼都可以丟的口袋耶！
你是垃圾場吧！
別開玩笑了!!
我不是啦！
救命啊！
嗚～

（Software），是為了配合特定目的對電腦下指令的程式，種類包羅萬象，可用來編寫文字、拍照、看影片、打電動等。

※喵喵！汪汪！
是誰？竟然把垃圾丟進來！
不要在我的口袋裡亂來啊！
ワンワン
ニャーニャー
哆啦A夢想想辦法啊！
ツルリ
ステン
※滑、摔
唉……口袋裡的東西都掉出來了。
你怎麼把門口弄得這麼亂!?

數位關鍵字 **虛擬（virtual）** 實際上不存在，但是可以模擬，就像實際存在一樣。例如：虛擬實境。

網際網路與雲端服務

網際網路是什麼？

網際網路是指全世界的電腦藉由通訊電纜連接形成的巨大網絡構造。個人電腦和智慧型手機等隨時都可以連接網路，與世界各地的人互相交流。

現在的電玩主機、音樂播放器、電視、汽車等也都能夠上網，使生活變得更加便利。網路對於我們的生活來說，已經像電力和自來水一樣不可或缺。

在住家、學校、公司等有限區域內連接電腦的網路稱為「區域網路（Local Area Network，簡稱LAN）」。

每個區域網路再透過「網際網路服務供應商（Internet Service Provider，簡稱ISP）」進一步與外面的網路連結，也就是網際網路（Internet）。

網際網路服務供應商彼此之間也會互相建立網路，因此使用網路需要與提供電纜的固網業者、網際網路服務供應商簽約。

過去的網路與網際網路的不同

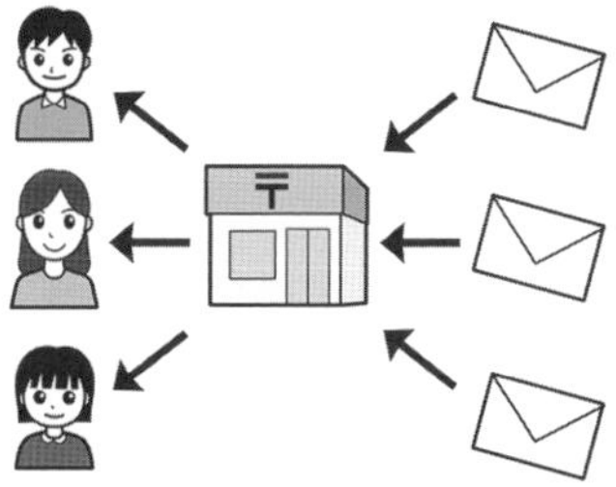

●郵件的網路

信件先在地區郵局彙整之後，再配送到每位收信人家裡。

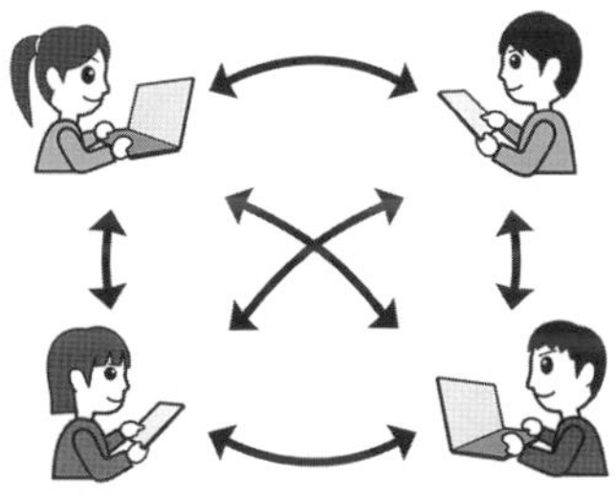

●網際網路

資訊直接在自己與對方的電腦之間互相傳遞。

插圖／加藤貴夫

通訊電纜包括電話線、光纖纜線、有線電視電纜等，與個人電腦等設備相連時，需要數據機把資訊轉換成數位訊號。此外，有多台機器要上網的話，需要使用路由器整理資料通過的路徑。路由器與個人電腦之間，也可以使用無需實體線路的無線區域網路（Wi-Fi）連接。

連線的規定

電腦之間的通訊，必須使用TCP/IP通訊協定（共通的規定）。先把資料分成通訊協定可處理的小包，稱為「封包」，再按照各個電腦分配到的「IP位址」發送資料。但由長長一串數字排列組成的IP位址很難懂，因此要使用能夠把數字轉換成詞彙（網域名稱）的系統轉換成網址。

●遠流出版公司的網址
https://m.ylib.com/

網際網路的架構

每個區域網路（LAN）透過網際網路服務供應商（ISP）連接網際網路。ISP之間也會建立小型網路。

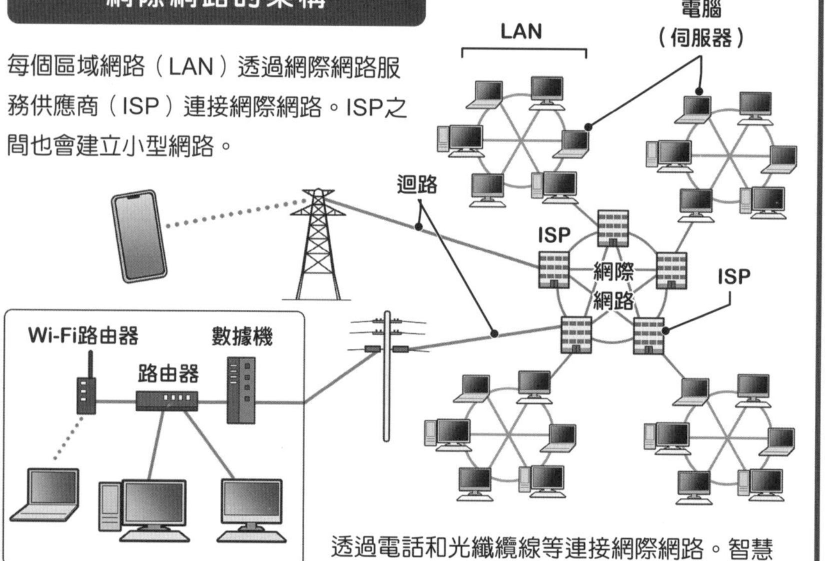

透過電話和光纖纜線等連接網際網路。智慧型手機是利用無線電波與基地台交流。

插圖／加藤貴夫

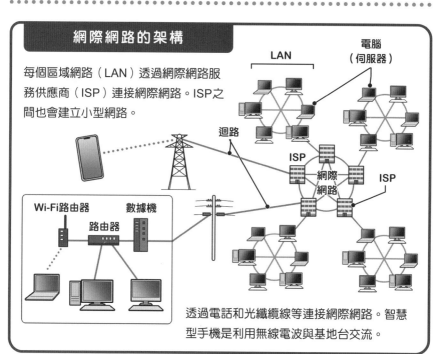

上網能做的事

在網路上提供資訊與服務的電腦，稱為「伺服器」，使用伺服器提供的資訊與服務的電腦，稱為「用戶端」。我們平常每天使用的個人電腦和智慧型手機就是用戶端。

伺服器包括收發電子郵件的「郵件伺服器」、放置網頁資料的「網頁伺服器」等各式種類，可按照用戶端的要求提供資訊。

我們平常在瀏覽網頁時是使用稱為「網頁瀏覽器」的軟體程式對網頁伺服器發送要求，讓對方送來網頁的資料。這份資料是以「HTML」語言寫成，使用網頁瀏覽器就能夠閱讀。

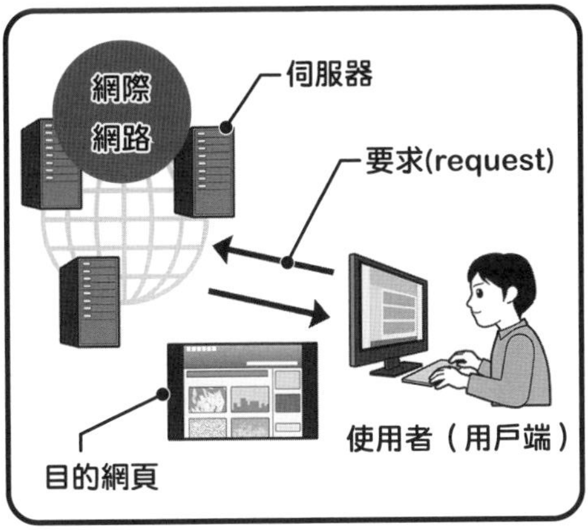

插圖／加藤貴夫

查詢資料最方便的工具當屬「搜尋引擎」了。搜尋引擎經常在檢索世界各地的網頁，一收到「我想知道這個詞彙的意思」的要求，就會為你依序列出符合要求的網頁頁面，也就是搜尋結果。至於搜尋結果的排列順序是如何決定，則屬於企業機密，Google 和 Yahoo! 等公司的排法各有不同。

全球第一個網頁

1991年，在擁有上千名研究人員的大型研究機構「歐洲核子研究組織（CERN）」服務的提姆・柏內茲李（Tim Berners-Lee），為了方便研究人員互相分享文件和影像，做出世界第一個網站（Website）。

插圖／杉山真理

電子郵件是在網路上往來的信件，除了文字，也能夠傳送圖片和文件檔案，還可以同時寄信給許多人。利用電子郵件軟體寄信到對方的電子信箱，郵件會送達並儲存在對方使用的郵件伺服器上，對方檢查伺服器就能夠收到信。

除此之外，還有透過網路提供影片和音樂的串流服務、與朋友交流的SNS（社群網路服務）、線上遊戲、網路商店線上購物等等，透過網路能夠做的事情越來越多了。

超便利！雲端服務的架構

由於網際網路和通訊環境的進化，使得「雲端運算（Cloud Computing）」服務——簡稱「雲端服務」能夠越來越普及。「雲端」的名稱來自於網際網路上大量的伺服器看起來就像飄浮在空中的雲。這是一個可以將資料和軟體儲存在雲端，只要有需要，隨時隨地都可以透過網際網路存取的服務系統。

在家裡把資料儲存（上傳）到雲端，出外時就能夠取出（下載）使用。

插圖／杉山真理

雲端服務改變工作方式

過去公司或個人要提供資料、服務或儲存檔案時，必須自己建立伺服器，非常的麻煩。現在只要使用雲端上的共用伺服器，就能夠簡單的透過一般的個人電腦和網路設備，在需要時取出想要的功能使用。雲端服務的普及，造就出不用進公司也能上班的遠距工作等各種不同的工作類型。

小翼到我家

哇啊！小夫跟丸師丸廣子的合照……
還有跟禿眼金魚的合照……
沒什麼啦，上次我去電視台玩的時候，
電視台高層是我爸爸的朋友，所以可以跟明星合照……
對了！我今天要去參加伊東翼的生日派對。
我是她的死忠歌迷，幫我要簽名。
生日派對要簽名好土喔。
不過我還是試試看吧。
不要太期待喔。
好羨慕喔……

數位關鍵字 **系統** 意思是每件事物彼此互相影響，達成共同目標。在數位領域上是指電腦與周邊器材、資料、軟體（應用程式）、通訊網路等組合後，一同發揮作用。

給我「認識電視台高層的爸爸」。
又在無理取鬧了……
你的缺點就是看到別人好就羨慕。
咦!?小夫要去參加伊東翼的生日派對!?
好羨慕喔!!
我是伊東翼的死忠歌迷耶。
既然如此，
好吧!!
「複製重現機」。
ピピ
ピー
ガー
ガー
你到底在幹嘛？
咦～～
把小翼叫過來這裡!?

※嘎嘎、嗶嗶嗶

？
咦……咦？
哇!!
那是立體複製影像，真正的小翼在前往電視台的車上。
首先要用「偵測錄影機」搜尋本人……
再將複製影像重現在這裡。
複製影像也會隨著本人說話或行動。
媽媽，好無聊喔，生日還要工作。
我不要派對延期到新年才辦。

數位關鍵字 **舊系統（Legacy system）** 以過去的技術和架構建造出來的電腦系統。多半是超過二十年前的東西。當初是配合公司和工作需求而開發，但懂得使用的人越來越少，況且也難以因應最新技術。

小夫還說他要去參加派對。
原來是騙人的。
對了!!
跟她一起拍張照片吧。
等一下換你幫我拍喔。
真的好像本人喔。
チョン
※戳
我碰到了！
我摸到小翼了!!
不要隨便亂摸啦!!
カシャ
※喀嚓
靠太近了啦!!
你怎麼跌倒了啊？

※喀嚓

有人推我。
是真的！
カシャ
正在走路，好像到電視台了。
好像很趕耶。
大概遲到了吧？
大家好，
對不起，我遲到了，
因為路上塞車。
馬上要開始了嗎？
好的，我知道了。
居然能在這房間聽到小翼的歌聲。
好幸福喔。

數位關鍵字

虛擬空間 建造在電腦中的3D（立體）空間，與現實世界同樣能夠走在其中、與人對話，此外還能夠做到在現實世界做不到的事。也稱為賽博空間、網路空間。

謝謝大家。
大家辛苦了。
好像還有其他的通告。
真是辛苦。
小翼她!?
到大雄房間!?
為什麼!?
她剛剛來我家玩了一下。
可是今天不是有生日派對嗎……
她才沒有那種美國時間呢!
電視、電影、雜誌的通告排到半夜，行程滿檔。
為了喘口氣，很多可憐的藝人都會來我的房間稍作休息。
真的嗎？

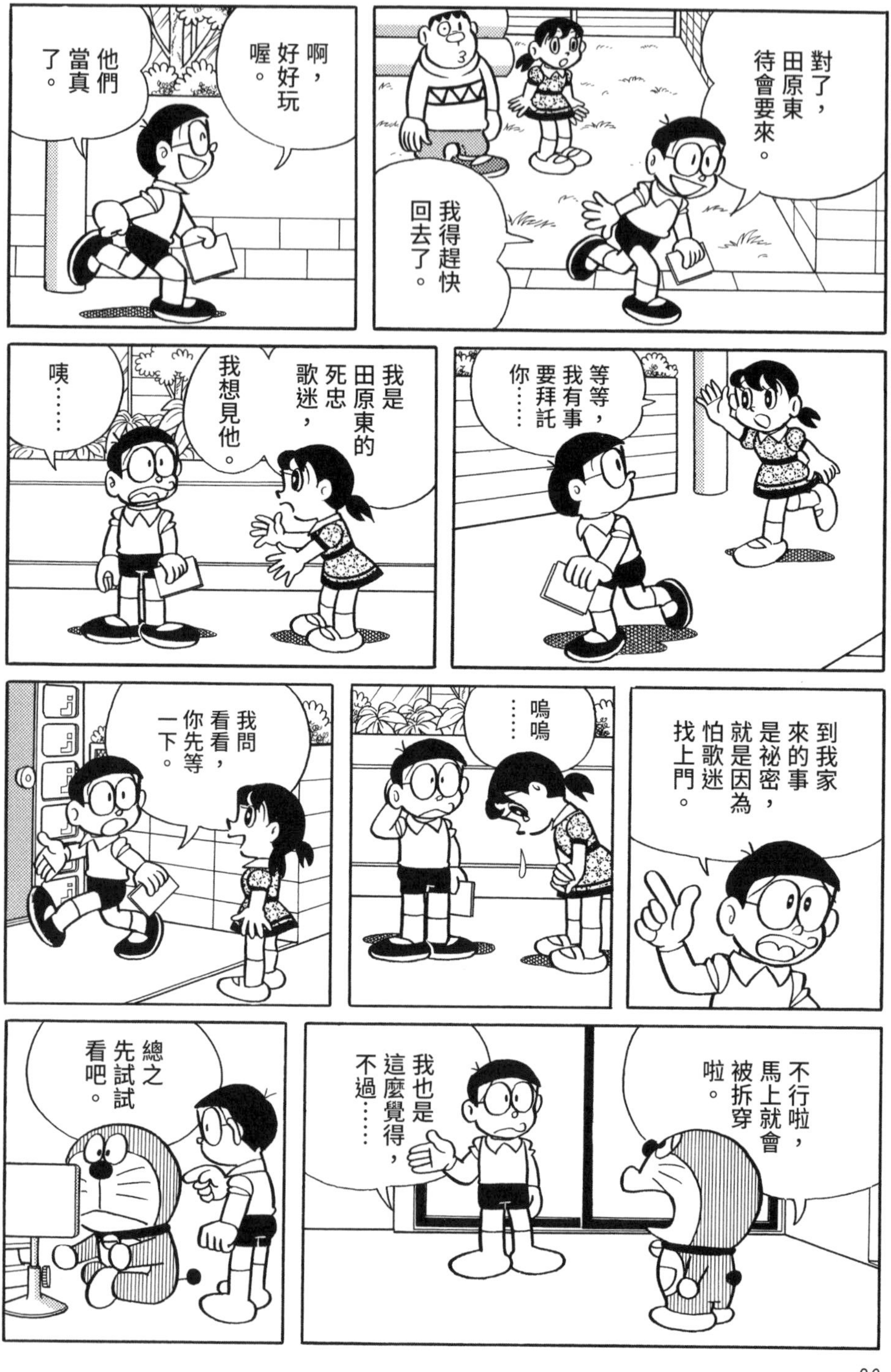
對了，田原東待會要來。
我得趕快回去了。
啊，好好玩喔。
他們當真了。
等等，我有事要拜託你……
我是田原東的死忠歌迷，
我想見他。
咦……
到我家來的事是祕密，就是因為怕歌迷找上門。
嗚嗚……
我問看看，你先等一下。
不行啦，馬上就會被拆穿啦。
我也是這麼覺得，不過……
總之先試試看吧。

數位關鍵字 **電腦模擬** 針對某事進行預測或推想，並建造測試模型。在電腦中打造與現實世界相同的場景，變更條件進 ↖

行測試。多半用於很難在現實世界實驗的事物等。

西寶攝影棚……
1studio
啊，在睡午覺，
大概在等待會的正式演出。
真的可以見他一面!?
一下下而已喔。
因為他很累，所以不能跟他講話，也不能碰他喔。
我知道了。
只要能這樣看著他就很幸福……
是。
要出場了嗎？
他在幹嘛？
睡迷糊恍神了，今天到此為止。

居然能見到田原東本人，像作夢一樣。
你也會幫我吧。
不讓胖虎見武打明星千葉縣一，就要揍我。
好像正在拍戲。
我是你的影迷。
請教我打架必勝法。
不可以跟他說話。
快消除複製影像!!

※踢

數位關鍵字 **電腦繪圖（CG）**意思是用電腦描繪影像和圖形。Computer Graphics的簡稱。

胖虎……你沒事吧？
振作點啊……
我得到千葉縣一的打架真傳，
學到很多!!
太好了。
我應該變強了吧？
好想趕快試看看。
真的是個好盛大的派對啊，
許多有名的藝人都來了，
有田原東還有千葉縣一。
你這個吹牛大王!!

你在數位空間裡？——元宇宙、AR、VR

插圖／佐藤諭

▶小說中的元宇宙因技術發展得以實現。

元宇宙成為另一個「現實世界」

元宇宙（Metaverse）指的是在網路上打造的虛擬空間。最早是在美國小說家尼爾・史蒂文森（Neal Stephenson）一九九二年出版的科幻小說《潰雪》（Snow Crash）中出現的虛擬空間名稱。

使用者只要運用虛擬替身（能夠在虛擬空間活動的分身）就能夠與眾人交流，不少企業都推出了元宇宙服務，因而受到矚目。

▼現在日本各家企業紛紛推出元宇宙。只要整合成全球規模，現實世界的各式各樣活動，或許就能夠在一個元宇宙中實現？

插圖／佐藤諭

元宇宙的具體範例

使用虛擬替身與眾人一起工作的虛擬會議室、參考真實城市打造可享受活動與購物樂趣的虛擬城市等，各類型的元宇宙陸續登場。透過虛擬替身或虛擬空間製作的物品溝通交流更有臨場感，這樣的元宇宙今後也將會越來越多。

© Meta

▲Meta的虛擬會議室平台「Horizon Workroom」，使用虛擬替身就能夠在虛擬實境空間中工作。

影像提供／Meta Platforms, Inc.
※這項服務僅限十八歲以上的成年人使用。

▲小學館的元宇宙互動空間「S-PACE」。計畫將舉辦與雜誌連動的活動，並推出商店。

影像提供／小學館

電玩遊戲就是我們最熟悉的元宇宙？

使用虛擬替身進行交流，在虛擬空間裡自由玩樂，這些是元宇宙的部分要素，也是電玩遊戲大量採用的模式。尤其是在電腦和智慧型手機等平台上應用的線上遊戲，也在逐漸發展成元宇宙。

使用虛擬替身交流！

插圖／佐藤諭

元宇宙時代的關鍵人物「馬克・祖克柏」

社群網路平台「Facebook（臉書）」的創辦人馬克・祖克柏（Mark Zuckerberg）於 2021 年將企業名稱改為「Meta」，並發表將以元宇宙為事業重心，因此提高了民眾對於元宇宙的矚目。

馬克・祖克柏（1984 年～）

插圖／杉山真理

使數位空間感覺像現實世界的VR

VR是「Virtual Reality」的簡稱，意思是「虛擬實境」，是一個讓人可以置身於由CG打造的數位空間，卻感覺像是在現實世界的技術。更深入體驗VR樂趣的方式之一，就是戴上稱為HMD（Head-Mounted Display的簡稱）的頭戴式顯示器，不但能夠在放眼所見的影像世界中來回走動，還能夠自由移動數位世界裡的虛擬物件。

▶待在房間裡就能夠與遠古世界的恐龍一起玩！

插圖／佐藤諭

VR可用於模擬器與電玩遊戲

醫生、消防員、機師等在特殊環境工作的人，會用 VR 進行訓練。買房子、買車之前，也有用 VR 參觀實體外觀與內裝，確認是否舒適的服務。

▲也有實際活動身體去玩的 VR 電玩。

插圖／佐藤諭

從頭盔進化成「智慧型隱形眼鏡」

「智慧型隱形眼鏡」是一個比 HMD 更輕巧、更好用的影像裝置，目前正在積極開發中。這項裝置是企圖將微型電路與顯示器等裝置安裝在隱形眼鏡上。

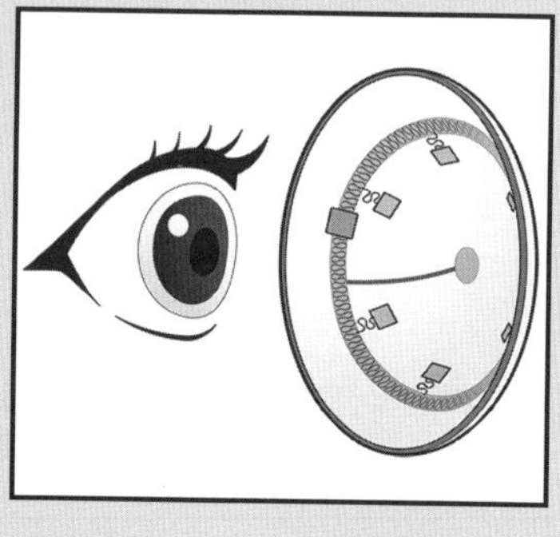

插圖／加藤貴夫

能夠在現實空間添加數位資訊的AR

AR是「Augmented Reality」的簡稱，意思是「擴增實境」，通常是利用智慧型手機的相機與顯示在螢幕上的實際風景交疊，顯示CG等製作的數位資訊。AR可分為四種類型，運用在利用定位資訊（GPS）的導航APP和電玩等各類服務上。

▼AR 手機遊戲「刷牙勇者」。用相機辨識刷牙的動態，攻擊敵人。

影像提供／LITALICO

AR的類型

位置辨識AR

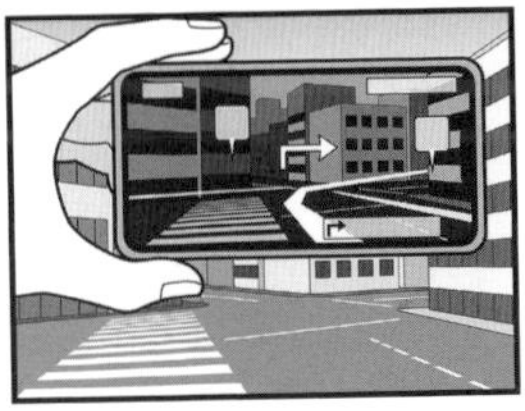

辨識使用者的定位資訊，顯示該場所的數位情報。常用於汽車導航、觀光APP。

標記型影像辨識AR

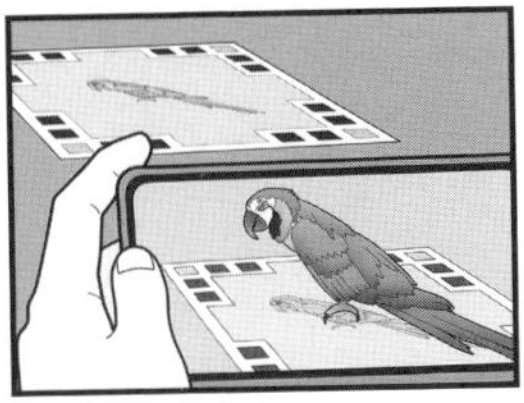

辨識具有AR標記的圖像，在標記上顯示數位資訊。常用於電玩和活動等。

無標記型影像辨識AR

辨識靜止的影像，然後在影像上顯示數位資訊。也可用於靜態的人臉和風景。

3D立體空間辨識AR

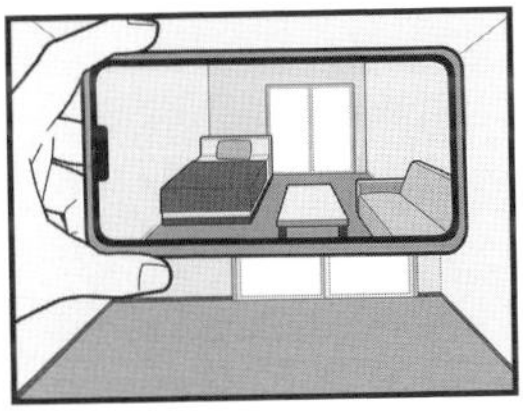

辨識現實世界的空間（寬度和深度等），在喜歡的位置顯示該空間的數位資訊。

插圖／杉山真理、加藤貴夫

組合現實空間與數位空間的MR

MR是「Mixed Reality」的簡稱，意思是「混合實境」。利用MR專用機器，就能夠看見現實空間與CG打造的數位空間混合的世界。MR中的物體與現實空間的一樣，能夠用手直接觸碰移動。許多MR專用機器陸續問世，期待MR技術廣泛運用在醫療和製造業等領域。

頭戴式顯示器、眼鏡等，MR機器有各種形式

▶就像真實存在的物品一樣，可以自由探索觀賞。

插圖／加藤貴夫

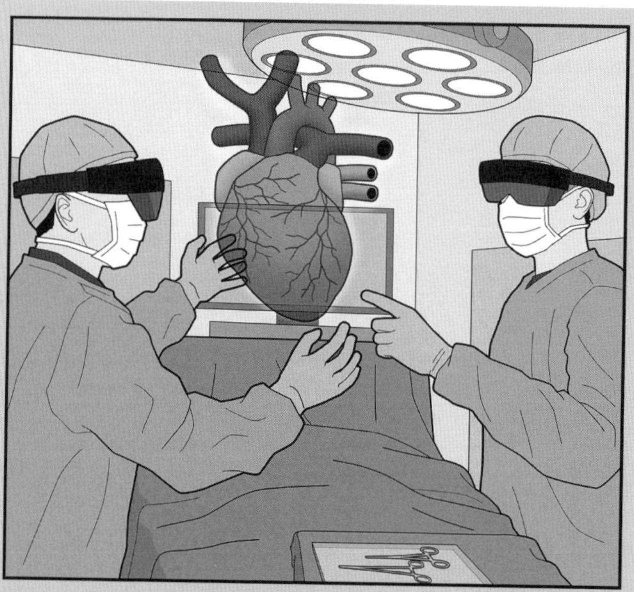

▲利用 MR 進行手術的術前會議，移動患部的 3D 模型，事先研究每個細節，手術就能夠順利進行。

插圖／加藤貴夫

影像提供／小學館

虛擬空間的偶像Vtuber

よのみや
依ノ宮アリサです！

▲少女漫畫雜誌《Ciao》也推出了Vtuber。

「Virtual YouTuber」的簡稱。Vtuber原本是影音串流平台「YouTube」上代替內容創作者上場的CG角色（虛擬替身）的稱呼，但現在直接使用虛擬替身的內容創作者也稱為Vtuber。這些Vtuber不拘泥於現實世界的性別與外貌，使用虛擬替身就可以成為「想要成為的自己」，在全世界贏得很高的人氣。企業和各地方政府等也利用Vtuber提供各種服務，廣泛使用在各種場合。

利用動態捕捉技術做出動作的Vtuber

插圖／杉山真理

▲以穿戴式感應器捕捉人類的動態，讓虛擬替身做出同樣動作。

Vtuber的活躍加速現實與虛擬世界的結合

最近都有在VR空間舉辦與Vtuber接觸的活動，或是Vtuber透過AR參與現實世界的現場表演活動，舉行演唱會。結合現實世界與數位世界的技術正在進步中。

▲Vtuber們將開創嶄新的未來？

插圖／杉山真理

認錯蚱蜢

數位關鍵字 **連結（link）**意思是事物之間彼此連接，產生關係。在網路世界是指按下網頁上的文章或圖片等（超連結），

就會進入其他網頁。

這樣很危險耶!!
竟然在路上玩足球。
你打到我了，跟我道歉。
雖然是我踢的，可是球是你的。
說要踢足球的人是你。
我、我是說要在學校的操場玩啊………
結果胖虎說沒關係，要大家在路上玩……
啊，等等。
簡單來說……

只要大雄躲開球就好了嘛。
對啊，如果是我早就躲開了。
我也可以輕鬆躲開。
要是我，就給它踢回去。
誰叫他走路不看路。
都是他的錯。
什什、什麼嘛!!
他們連一點道歉的意思也沒有。
可惡!!

數位關鍵字 智慧(smart)

英文的原意是「聰明」、「時尚」，但是在數位領域是當成「有智慧」、「細心」等意思在使用。舊有物品加上電腦或通訊功能，變得更便利後，通常就會加上「智慧」二字，例如：智慧型手機、智慧家電等。

好！讓他們知道我的厲害。
你會拿很棒的東西出來吧？
這是什麼？
「認錯蚱蜢」。
只要被這個纏住，就會反省自己所做的壞事，然後磕頭認錯喔。
跳入
仔細想想，會被球打到是我的不對。
磕頭道歉
如果連你都道歉，那還得了。
胡椒
哈啾！
用這個讓大家認錯吧。

只要一句話就好。
你沒有道歉的意思嗎？
沒有耶。
動手!!
跳入
磕頭
※咻
仔細想想，我真是不可饒恕的壞人啊。
你知道就好了。
嗚哇～
揍我吧!!儘量揍我吧!!
怎麼辦？
既然他都這麼說了。

數位關鍵字

3D模型

3D是「3 Dimensions」的簡稱，意思是「三維」，也稱「立體」。3D模型是指用電腦繪製的三維（立體）世界和人物等。與平面（二維或2D）繪製的圖畫不同，能夠從全方位角度捕捉形狀。

啪！
什麼嘛，太隨便了!!認真點揍啊!!
可以嗎？
砰！
磅！
還沒完呢，光這樣是無法消除我的罪孽的。
我的手好痛。
去找下一個。
要我道歉？
啊哈哈哈哈。
動手!!
跳入
嗚、嗚……
……
終於肯認錯了吧？

ドカドカ
※揍、揍
ドスドス
※匡、匡
好了、好了。
不用這麼誇張。
這樣還不夠啊!!
用這個打我吧!
會死人的。
我這樣求你還不肯嗎?
來吧,用力打吧。

數位關鍵字 **網路(network)** 英文原意是「網絡」,意思是連接人與物,互相分享資訊、知識、目的等的狀態。在數位領域主要是指透過電纜和通訊線路連接許多電腦的技術和狀態。

啊!!
我我、我竟然……
是這麼……
可惡的傢伙……
一定是這樣的。
嗚嗚嗚……
不……都是我的錯。
沒有這種事，錯的是我啊。
我也是壞人。
真糟糕。
みどりや
得灑胡椒，把每一隻都抓回來才行。
那罐胡椒好像弄丟了。
去買吧。
我要買胡椒。
請回去吧。
SKIM MILK

數位關鍵字 **基地台** 固定的無線通訊裝置，用來收發智慧型手機等行動裝置的訊號。由天線與收發器組成，除了裝設在

鐵塔、建築物、電線桿上等地方，也會設置在地下街和建築物內部。

我想買胡椒啊。
像我這樣的壞人，已經沒有臉再見人了。
我打算把店關掉，乘夜潛逃。
回家去拿吧。
啊～！
危險！
這不是忠志嗎？
請不要管我。像我這樣的壞人，沒有資格活下去。
哈哈哈，忠志怎麼會是壞人呢？
你是認真乖巧的資優生啊。
我每次考試都作弊。
咦!?
就算這樣，也用不著去死啊。
我、我也作過弊啊。
我還有做過更壞的事。

你做過的壞事還真多啊。
バカ
啊！胖虎，我也得跟你道歉才行。
把那些事說出來，你會被揍個半死的。
有什麼關係，那種芝麻小事。
和我做過的壞事比起來……
啊～光想就受不了。
我還得忙著跟大家道歉。
好忙啊。

數位關鍵字 **數據機** 把數位訊號轉換成類比訊號、類比訊號轉換成數位訊號的裝置，是個人電腦設備透過電信線路或有線電視的類比纜線連接網際網路時使用。光纖纜線則是以ONU（光纖數據機或光纖網路單元）取代數據機。

啊！我也得跟你道歉。
不要為那種小事叫住我。
我還得跟一百八十三人道歉才行。
忙死了。
都沒人要理我，嗚哇～
還是去死吧。
我負責按住他，你快點去拿胡椒來!!
哇！
不要阻止我。

我是有四十五項前科的罪犯，現在還想搶這一家呢。像我這種壞人，死了也活該。
啊……我明白你的心情。
去找警察，請警察逮捕你吧？
好主意。
給我帶路。
午安。
交通安全
有客人喔。
放假嗎？
門就這樣開著，有人闖空門怎麼辦？
被關在監牢裡！
是誰幹的？
因為我是壞人，所以就自己進來了。
其實我是石川五右衛門，
也有人叫我怪人二十面相。

數位關鍵字 路由器 個人電腦和智慧型手機等多個裝置連接網路用的機器。多個裝置要上網時，是由路由器分配資料要↖

走哪條路徑。

越戰、光化學煙霧、物價上漲，全都是我造成的。
越來越誇張了。
得趕快去拿胡椒才行。
我每天都說會工作到很晚，其實是去打麻將……
我也瞞著你買了這個。
哈啾！
這樣就復原了吧。
你竟敢騙我。
你還不是一樣，買這麼貴的東西。
到底該不該讓大家恢復原狀呢？

資訊安全與電腦病毒

電腦感冒了？何謂電腦病毒

電腦病毒是寄生在電腦程式內的一種惡意程式。與人類感染新冠病毒等病毒時的狀況類似，電腦病毒具有能夠自行複製繁殖的「自我傳染功能」、隔一段時間再發病的「潛伏功能」，以及破壞檔案、造成電腦異常等的「發病功能」。

最近幾年最凶惡，而且尤其必須小心的是會要求支付贖金的「勒索軟體」；一旦感染這種病毒，電腦就會被鎖死無法使用，想要復原必須支付贖金。

插圖／杉山真理

插圖／杉山真理

中毒會怎樣？

電腦中毒的症狀各有不同，有的會顯示奇怪的廣告，有的是平常使用的軟體狀態變得不穩定，有的是檔案會自動消失等。

另外，病毒還有可能會透過網路，擴大損害，影響到其他人，例如：大量寄送附加病毒的電子郵件給朋友，或是自動外洩密碼等等。

感染途徑是這裡！

最常見的電腦病毒感染途徑是電子郵件的附加檔案。病毒會偽裝成一般的文字檔，收件人如果沒有仔細檢查，一旦開啟檔案就會中毒。另外的感染途徑還有造訪夾帶病毒的網站、下載網路上偽裝成有趣影片和電玩等的帶病毒檔案，也都有可能會中毒。

有時病毒也會透過USB隨身碟等交換檔案的儲存媒介傳染。

▲偽裝成來自客戶的重要電子郵件送來病毒。

▲撿到不明的USB隨身碟，打開檔案檢查可能會中毒！

插圖／杉山真理

預防電腦中毒的重點

最重要的是安裝防毒軟體。防毒軟體可以防止病毒入侵，也有檢查病毒（掃毒）的功能。請定時更新防毒軟體，才能夠檢測出最新型的電腦病毒，個人電腦的基本軟體「作業系統（OS）」和各種軟體也要經常保持在最新版本，減少中毒的風險。此外也要注意，收到陌生可疑的電子郵件和附加檔案要立刻刪除，不要打開，也不要去奇怪的網站，更不要使用來路不明的USB隨身碟。

插圖／杉山真理

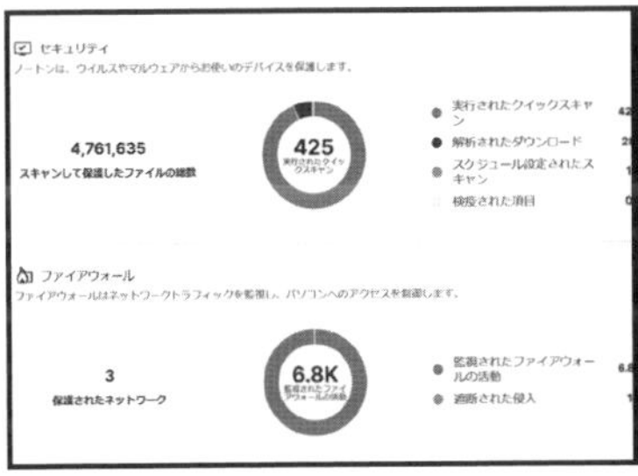

◀防毒軟體是阻擋病毒的最強盾牌。

▲防毒軟體「Norton」的畫面。

※上圖為庫存畫面，與最新產品可能有所不同。

危險也跟著進化了？

網際網路逐漸普及，我們的生活變得更加便利，但網路發達後，電腦中毒等造成的損害也日益擴大。今後所有東西如果都發展成可連接網路的IoT（物聯網），網路犯罪將會更加嚴重，大眾運輸、醫院、警察局、銀行等的系統一旦遭受網路攻擊而瓦解，社會將會大亂。

美國的第五戰場！

2011年美國國防部宣布網路空間將是繼陸、海、空、太空之後的「第五戰場」，並將以武力反擊網路攻擊。關係到國與國之間機密情報的網路戰已經在現實世界中發生。

插圖／杉山真理

逐漸普及於日常生活中的網路犯罪

網路犯罪的類型很多，鎖定的目標包括政府機關、企業與個人。近年來甚至是東京奧運相關機構、JAXA（日本宇宙航空研究開發機構）也遭受到網路攻擊。再加上遠距工作越來越常見，機密情報也變得更容易外洩，網路犯罪的件數因此逐年攀升，手段也更加高明。

近來常見的勒索軟體攻擊，不僅會導致電腦無法使用，還會將資料偷走當成人質，要脅贖金。除此之外，還有非法入侵他人資訊系統，盜取客戶個資等的「非法存取」、替換網頁和檔案的「網頁竄改」，以及利用大量存取要求來癱瘓系統的「DDoS（Distributed Denial of Service的簡稱，意思是分散式阻斷服務）攻擊」等。

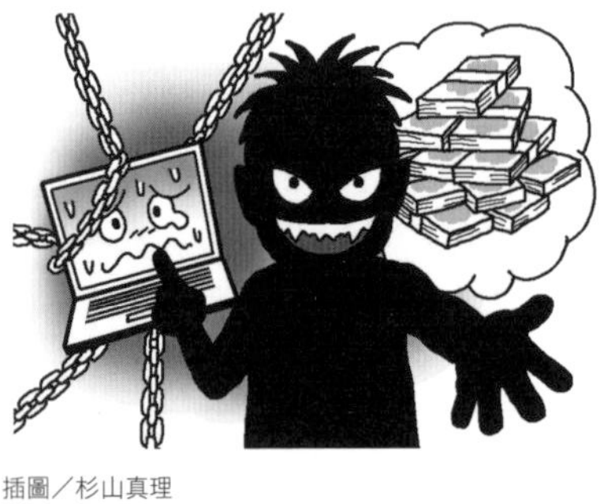

插圖／杉山真理

資訊安全相關法律

日本政府制定了各種法律和指南，希望提供民眾安心上網的環境，其法源依據就是「網路安全基本法」。

二〇一四年制定的「網路安全基本法」起因是世界各地的網路犯罪頻傳，於是日本內閣府設置了網路安全戰略本部，提高施政效果。中央政府與地方政府攜手電力、自來水等事業機構合作擬定因應對策，並加深每位國民對資訊安全的認識，促成民眾自發性採取對應措施。

除此之外，日本政府還制定了保護個人資料的個人資料保護法、禁止未經授權的存取等法律，做好面對各種網路資訊威脅的準備。

▲讓社會大眾了解網路犯罪的危險性是很重要的事。

插圖／杉山真理

如何避免網路攻擊？

要成功防止網路攻擊，除了安裝防毒軟體、時常更新軟體之外，好好管理帳號密碼也很重要。

使用他人能夠輕易猜到的生日數字當帳號密碼是很危險的事，也不要每個網站都設定一模一樣的帳號密碼。此外為了預防萬一，重要資料做好定期備份也是必要的事情。

進化的「臉部辨識」技術

臉部辨識是取代帳號密碼，用人臉確認是本人的技術，經常用於智慧型手機的使用者辨識、公司的門禁管制等。現在因為導入 AI 技術，就算是不同髮型和妝容也能夠辨識出來。

插圖／杉山真理

網路潛藏的危險

網路雖然很方便，但如果沒有好好的使用，有時可能會導致使用者遭遇危險。舉例來說，「網路上癮症」，就是過度沉迷於網路，無法自行控制使用時間和方法的狀態，會造成生活與健康方面不良影響。再者，網路上流傳大量的假訊息和謠言，一旦誤信或只看自己相信的資訊，想法就可能會變得很偏激。

什麼是「網路疑病」？

網路疑病是指有些人因為擔心自己的頭痛等症狀而自行上網搜尋，調查自己的狀況，結果妄自診斷以為自己罹患重大疾病而過度擔心的狀態。主要的原因出自於網路的普及，導致人人都能夠輕易獲得大量不確定真假的資訊。

不治的
惡性
癌症
痛苦

插圖／杉山真理

沒有惡意仍然是犯罪？

在網路上看到有趣的動畫或漫畫想分享給大家看，卻在未經作者許可的情況下，擅自把這些內容轉傳到網路上的影音平台或是社群網站等，這樣的行為其實違反了著作權法。在日本，之前就有影音創作者因為製作「快速看完一部電影」這類未經授權便將影視作品濃縮成短片的內容，被法院判決有罪，必須支付鉅額的賠償金。除此之外，明知內容是違法上傳，卻還是下載的行為也是違法的。

網路很方便，讓我們隨時隨地都能夠便利的享受各種娛樂，但有時一不小心就會觸法，希望各位在使用網路時別忘記多想一想。

如果不馬上轉傳給十個人就會倒楣哦……

▲用 LINE 傳送的連鎖信。只要按照上面寫的轉傳出去，就是騷擾他人的行為，請無視信件內容！

插圖／杉山真理

無線傳聲筒

※哇哈哈
我想到一件好笑的事了。
什麼啊？
打電話告訴靜香吧。
ペチャクチャペチャ
※嘰哩呱啦
媽媽每次講電話都講很久……
不快點跟靜香說，就要忘記了啦。
差不多講完了吧？

數位關鍵字 Wi-Fi（無線網路） 個人電腦、智慧型手機、電玩主機等以無線的方式連接網路的技術之一。支援無線上網的裝置彼此之間也能夠無線連結。通訊速度快，通訊距離大約一百公尺。

我在講很重要的事！
沒辦法了，我直接去靜香她家吧。
那你把這個帶過去吧。
「無線傳聲筒」。
你去走廊……
按下按鈕看看。
喂喂，你好。

※叮咚

聽得見耶！
只要把這個放在靜香家裡……
無論何時都能聊天了。
是只屬於我們的電話。
你拿著好像很有趣的東西。
借我們看一下。
可惡，你別想跑!!
ビュ
※咻
呼……真是危險。
靜香，有件非常好笑的事喔。
是喔，什麼事？
我會用這個電話跟你講。
我回家會馬上打電話給你，要等我喔。

數位關鍵字 **網域名稱** 電子信箱位址和網站的網址會用到以英文字母或數字表示的名稱，相當於網路上的地址。一般多

到底會是什麼事呢？
真是讓人期待。
竟然埋伏等我。
繞遠路回家吧。
這裡也有……
再繞更遠的路線回家吧。
這裡是哪裡……
我迷路了！
大雄好慢喔……
我沒辦法這樣一直等下去。

半用公司名稱或服務名稱註冊，但先搶先贏，在有效期限之內，不會有同樣的網域名稱存在。

終於回到家了。
好了，來打電話吧。
※叮咚叮咚
……沒人接耶。
靜香她等到不耐煩而離開房間了吧。
這個電話的鈴聲在對方接起來前，會變得越來越大聲喔。
※叮咚叮咚
※叮咚叮咚

媽媽——幫我接個電話——
※叮咚叮咚
媽媽她不在嗎？
嗨，靜香。讓你久等了。我現在就來講那件好笑的事……
奇怪……我要說什麼啊……
你問我我怎麼知道。
你稍微等我一下，再過不久我就會想起來……嗯——
快一點啦！

ICT與IoT——資通訊技術與物聯網

利用資訊科技連接人與人的ICT

運用網際網路通訊的電子郵件和聊天軟體，也是利用ICT溝通的範例之一。

插圖／佐藤諭

網路普及之後，使用個人電腦等裝置與遠方的人互相寄送數位檔案交流的形式急速的發展，像這樣利用資訊科技的資通訊技術，稱為ICT（Information Communication Technology）。

ICT最大的特徵是利用網際網路等網絡進行通訊，人與人隨時隨地都能夠藉由文字和影像溝通。

個人電腦和平板電腦等通訊裝置連上網路，距離醫院很遠的病患也能夠以視訊接受醫師診斷，或學校可用線上方式直播教學，學生就能夠在家裡上課等，包括醫療與教育等各領域都在利用這項技術。

▲視訊通話可讓相隔兩地的人看著畫面對話。

插圖／佐藤諭

利用ICT能夠辦到什麼事情？
醫療
距離醫院很遠的病患也能夠利用視訊接受醫師看診。
照護
在高齡者家裡安裝攝影機或感應器，就能夠遠端看顧。
各式各樣的場所
均可用網路連接
工作
用視訊通話開會，在家也能工作。
教育
線上直播學校課程，學生在家也能上課。

插圖／杉山真理

用網路連接物品的IoT是什麼？

IoT是「Internet of Thing」的縮寫，也就是「物聯網」的意思，這是科技人凱文・艾希頓（Kevin Ashton）想出來的詞彙。這項科技的目的是希望家電、汽車等各式各樣的物品均配備通訊功能，能夠連接網路，使生活和產業更方便。全球具有IoT功能的機器在二〇二〇年有兩百五十三億台，預估這個數字今後仍會持續的增加。

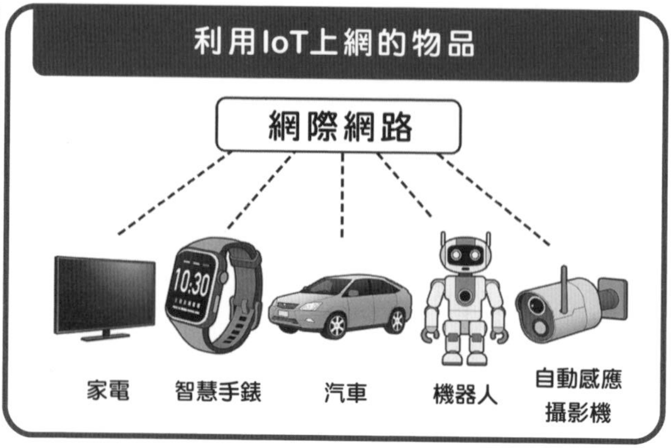
利用IoT上網的物品
網際網路
家電
智慧手錶
汽車
機器人
自動感應攝影機

插圖／加藤貴夫

凱文・艾希頓從口紅庫存缺貨想出的「IoT」架構

艾希頓原本在賣口紅的公司工作，他注意到店裡某個顏色的口紅經常缺貨，因此建立系統，將口紅貼上IC晶片，再以專用接收器讀取零售店的庫存資料，並透過網路自動傳送這項資料，只要商品快要賣完，總公司就會立刻出貨。

凱文・艾希頓
（1968年～）

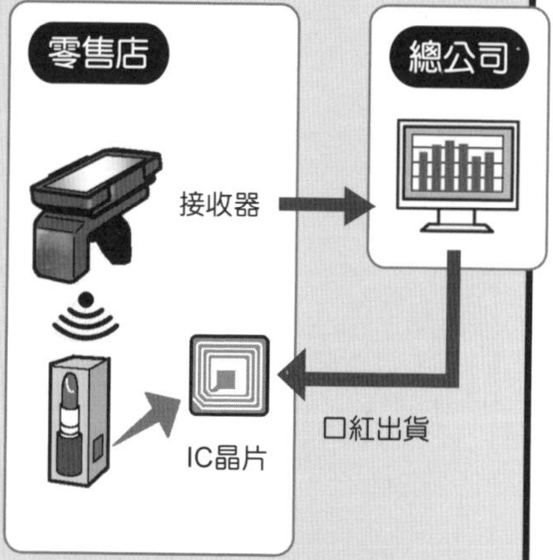
零售店
總公司
接收器
IC晶片
口紅出貨

艾希頓就是從這個點子發想出用網路連接物品的IoT架構。

插圖／杉山真理

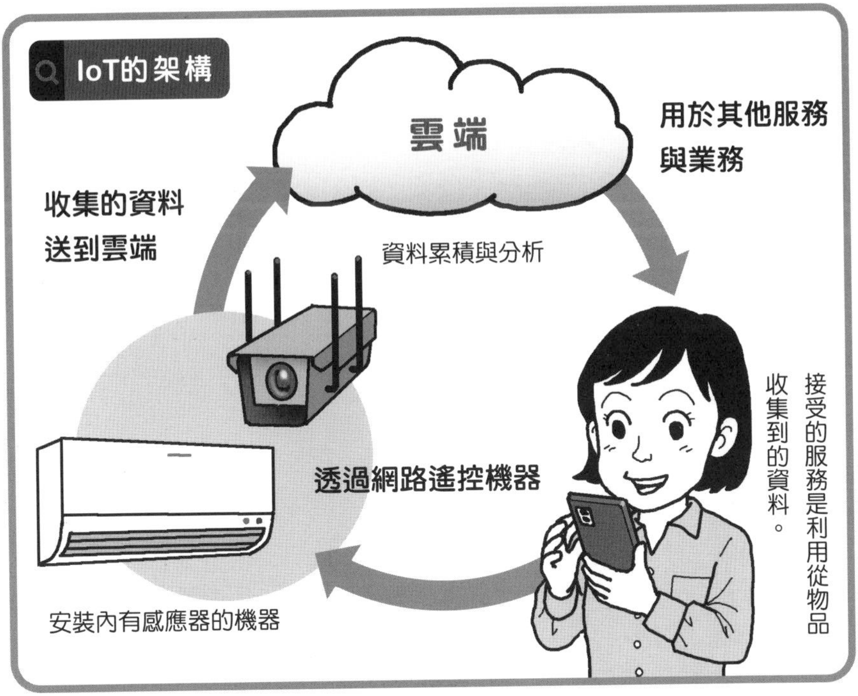
IoT的架構
雲端
用於其他服務與業務
收集的資料送到雲端
資料累積與分析
透過網路遙控機器
接受的服務是利用從物品收集到的資料。
安裝內有感應器的機器

插圖／杉山真理

利用IoT資料的服務範例
117
指引可避開塞車的通行路線
藉由血壓等生理資訊管理健康
冰箱的食品庫存管理
確認店面的人潮狀態

插圖／佐藤諭

用IoT連接所有物品的目的是什麼？

舉例來說，讓家電具備通訊上網的功能，就能夠透過智慧型手機等通訊裝置達成遠端遙控。但是IoT的目標不僅如此，以裝有感應器的物品收集各項資訊，進行分析，並有效利用在其他服務與業務上，才是最大的目的。

天堂地獄屋

靜香！來我家玩吧。
來我家吧！
她為什麼選擇去小夫家呢？
那還用說嗎！
你是要說因為我長得不好看囉？
沒禮貌！
我又沒這麼說。

那你是說我頭腦不好，所以她不肯來囉！
你居然說得……
那麼難聽。
我什麼也沒說啊。
嗚……嗚……
別難過，冷靜一點。
我的意思是說，小夫家很好玩啊，因為他們家常常有新的玩具跟遊戲。
那也把我們家變有趣嘛。
好啦！我知道了。
「家庭氣氛變換機」。
HOUSE PLATE
只要放入氣氛卡片，就會變成各種不同氣氛的家。

數位關鍵字 全球資訊網（Web）連結網際網路上的資訊（文字、圖片、影片等），讓這些東西被看見的架構。全球的資訊就像蜘蛛網一樣相連擴展，所以才會稱為網（Web）。

這個是能讓家裡變快樂的卡片。
HOUSE PLAYER
你假裝自己是客人，從玄關進來看看。
你好。
※咻
※音樂聲
會出現快樂的音樂迎接貴賓。
而且拖鞋會自動跳出。
ピョ
這是音樂階梯。
Do
Re
Mi
Fa
So
哎呀？
然後小跳步帶你進房間。

這是旋轉坐墊。
那是鏡面球型電燈。
請喝果汁。
ピュ
※咻
不用動手，嘴巴朝下，果汁就會自動入口。
當客人開始聊天時，就會配合當時的氣氛改變音樂。
快樂的話題會出現快樂的音樂。
難過的話題會出現撫慰人心的音樂。
如果聊到有趣的話題，
就會響起如雷的掌聲稱讚你。
ワッ
パチパチ
パチ
パチパチ
ワッ
※歡呼聲、掌聲

數位關鍵字 平台（Platform）驅動個人電腦和智慧型手機等機器和軟體的共同基本裝置或環境。英文原本的意思是平 ↙

台、高台等，也是指車站的「月台」。

我去廁所。
歡迎光臨。
非常感謝您每次的惠顧。
這是遊戲型馬桶，請對準靶心。
パンパカパーン
※啪啪、嘎砰
恭喜中獎！
哇！原來我家這麼有趣啊。
會用了吧。
我出去一下就回來。
把這個卡片放上去就行了吧？
絕對很有趣的。
就當被我騙一次吧。
什麼東西很有趣啊？
你來了就知道。

※鬼屋的音樂
好像會有鬼跑出來。
這音樂不是該很快樂嗎？
奇怪了。
※跳出
請穿上自動拖鞋。
※砰
※匡、跳
※摔、飛起
※啪

數位關鍵字 **存取（access）** 意思是透過網路連接其他電腦，讀（看）在網路上找到的資料。讀寫個人電腦內的檔案、記憶裝置等的資料，也是用這個字。

怎麼會這樣!?
我要回去了！
去廁所看看嘛！很有趣喔。
我不想去。
別這麼說嘛。
救命啊！
這次又怎麼了？
我被咬住了。
ガチガチ
※咬、咬
靜香大發雷霆回去了啦。
啊啊。
你是不是用了趕走不速之客的「地獄屋」卡片了？

IoT連接的「物」不是只有物品

利用IoT技術實際連接網路的東西，是配備有通訊功能的機器。但如果擴大可以透過機器連接的對象，例如：人與組織等，就能進一步拓展IoT的潛力，也將影響過去與資訊科技無關之領域的發展。

連接現實與虛擬的CPS

在路上以自動駕駛模式行駛的汽車，會收集附近的交通資訊，在虛擬空間進行分析，再把可供安全駕駛的資訊傳送回自動駕駛車上，驅動車輛行走，像這樣連結現實與虛擬世界的架構，就稱為CPS（Cyber-Physical Systems），意思是「虛實整合系統」。

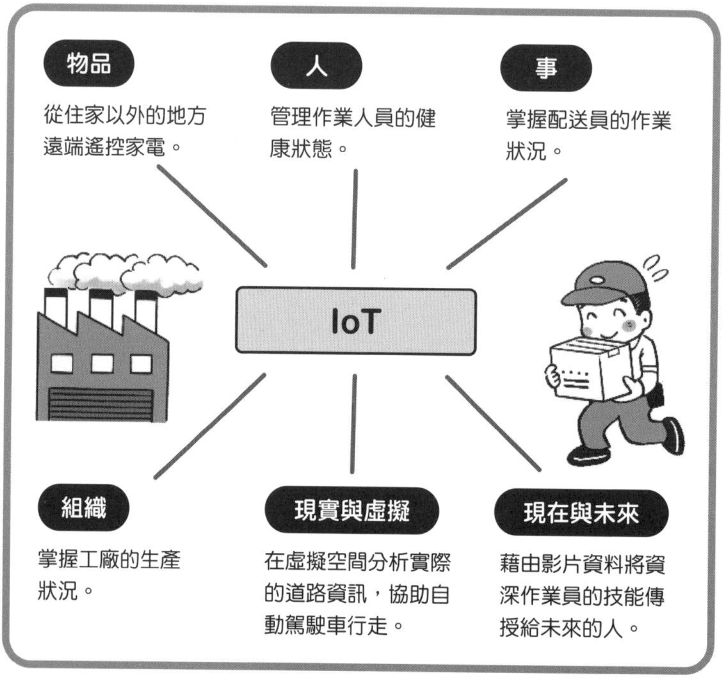
物品
從住家以外的地方遠端遙控家電。
人
管理作業人員的健康狀態。
事
掌握配送員的作業狀況。
IoT
組織
掌握工廠的生產狀況。
現實與虛擬
在虛擬空間分析實際的道路資訊，協助自動駕駛車行走。
現在與未來
藉由影片資料將資深作業員的技能傳授給未來的人。

插圖／佐藤諭

支援IoT的是收集資料的感應器

感應器的主要種類與功能

光感應器

檢測環境的亮度➡調節照明亮度，對節能有貢獻。

溫度感應器

測量物品與空間的溫度➡確保食品和室溫在適當的溫度下。

聲音感應器

測量聲音的振動➡用數字表示工地現場等場所的噪音。

振動感應器

感測搖晃➡提早預知機械的故障狀態。

IoT機器

配備有感應器，能夠從四周收集到比人類感官更精確的資訊。將測量對象的光和溫度等的各種狀態，轉換成單純的電訊號或數據資料，就能夠以簡單明瞭的管理方式掌握工廠的產品檢查、農作物的栽種環境，甚至更進一步的預知設備的故障等眼睛難以看出來的情況，在更多場合派上用場。

感應器當中最前所未有的就是「飛時測距ToF（Time of Flight）」能夠利用光反射測量與對象物的距離，這種測量技術原本是用在製作城鎮的精確地圖，現在已經縮小到用智慧型手機的相機就能辦到。

利用感應器測量距離的架構

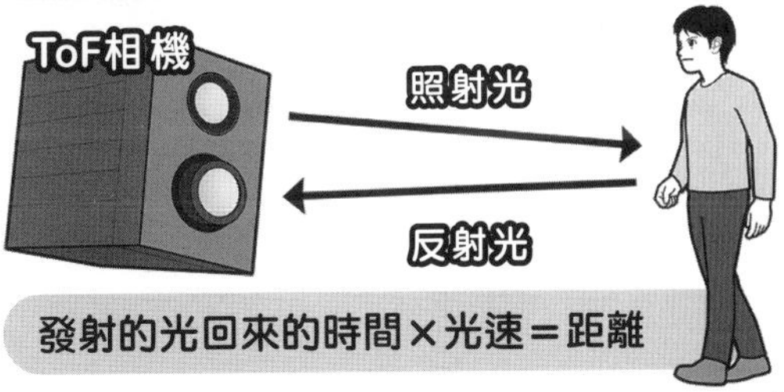
ToF相機
照射光
反射光
發射的光回來的時間×光速＝距離

插圖／加藤貴夫

IoT機器的普及是智慧型手機的功勞？

配備有感應器的智慧型手機普及之後，感應器也因為大量生產而降價，結果間接推動了使用感應器的IoT機器的普及。

用感應器收集資料後，能夠做什麼？

在家中裝設有感應器的IoT機器，不在家時就能夠檢查家中的大門是否上鎖、確認獨自看家的孩子的狀態等，除了遠端確認人或物現在的狀態，還能夠在回家之前確認家中室溫，太熱時可以先打開空調等，得知人或物的狀態，也可盡早採取必要行動。

更進一步的，感應器收集到的資料可以在不同機器間直接收發，讓機器掌握四周狀況，自動採取必要的判斷和行動。利用這項功能的科技一旦發達，例如：自動駕駛車一遇到紅燈就會自動停下，就能夠實現「物的自動化」，不需要人類手動操控。

知道人與物的狀態

從項圈取得寵物的運動量和食量資訊，進行健康管理。

檢測人與物的動態

公車門的感應器測量上下車的人數，掌握車上的擁擠程度。

物的自動控制行動

自駕車配合紅綠燈的變化或其他車輛的動態減速。

插圖／佐藤諭

感應器收集到的資料讓 IoT 家電變聰明

內建 AI（詳情請見 154 頁）的 IoT 家電，透過感應器收集的資訊進行學習，就有可能實現更高難度的功能。舉例來說，掃地機器人在打掃多次之後，AI 記住了房間的格局，就能規劃出最有效率的打掃路線。

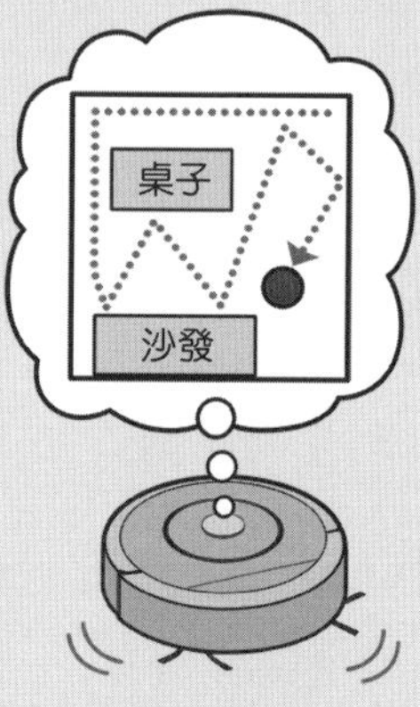

插圖／加藤貴夫

連接家中所有物品的次世代型「智慧住宅」

近年來包括家電在內的家中所有物品逐漸IoT化，只要對著智慧音箱說話就能開關燈，或是確認高齡者家中的冰箱門是否有關好、人是否安全。這種利用IoT讓生活更便利的房子，就稱為「智慧住宅（或智慧家庭）」。

名稱類似，但是利用資訊科技管理家裡的能源消耗量、自動遙控照明和空調等機器的節能住宅，則稱為「智慧屋」。今後這兩種架構相互結合，將能夠實現更豐富的生活。

智慧住宅的生活很方便

利用智慧型手機或智慧音箱遙控家電。

一到設定時間，窗簾就會自動開闔。

用智慧型手機開門或鎖門。

用監視器確認孩子的狀況。

插圖／杉山真理

使用IoT和AI的未來城市「智慧城市」

「智慧城市」的街道上各種東西都有感應器和通訊設備，目標在利用收集來的資訊打造更便利的社會。日本兵庫縣加古川市等地都在電線桿上安裝監視器，可用來偵測兒童和高齡者的定位資訊並通知家人等。

監視攝影機內建有標籤偵測器，可以讀取受看守對象的標籤訊息，確認受看守對象的定位資訊。

影像提供／加古川市

胖虎颱風接近中

又輸了！
都是你們不努力!!
都到那邊排好隊！
……
……
通通跑光了。
別以爲這樣就算了！
我看到一個，打一個!!
暫時不能出去了。

這樣是不行的……
你這種消極的態度，難怪胖虎會越來越囂張。
喂！
你要去那裡？
買銅鑼燒。
※驚
站住！小子！
ドキ
幹嘛啊？我又沒惹你！
看到你的臉就生氣!!
現在只要想到棒球，就一肚子氣！
你看吧！

數位關鍵字　光雕投影（立體光雕） 將CG（電腦繪圖）的影像和影片，用投影機投射在建築物等立體物的技術。立體物↖

※喀喳
標出胖虎路徑。
カチ
「怒氣觀測圖表」。
有了！在雜貨店轉角以時速四公里向北北東方向行進中。
意思就是說，走這邊就沒問題了。
用這個可以知道有怒氣的人的動向。
和颱風一樣。
改變方向了。
我們繞其他路就行了。

與影像疊合，可展現出平面無法看到的不可思議作品。

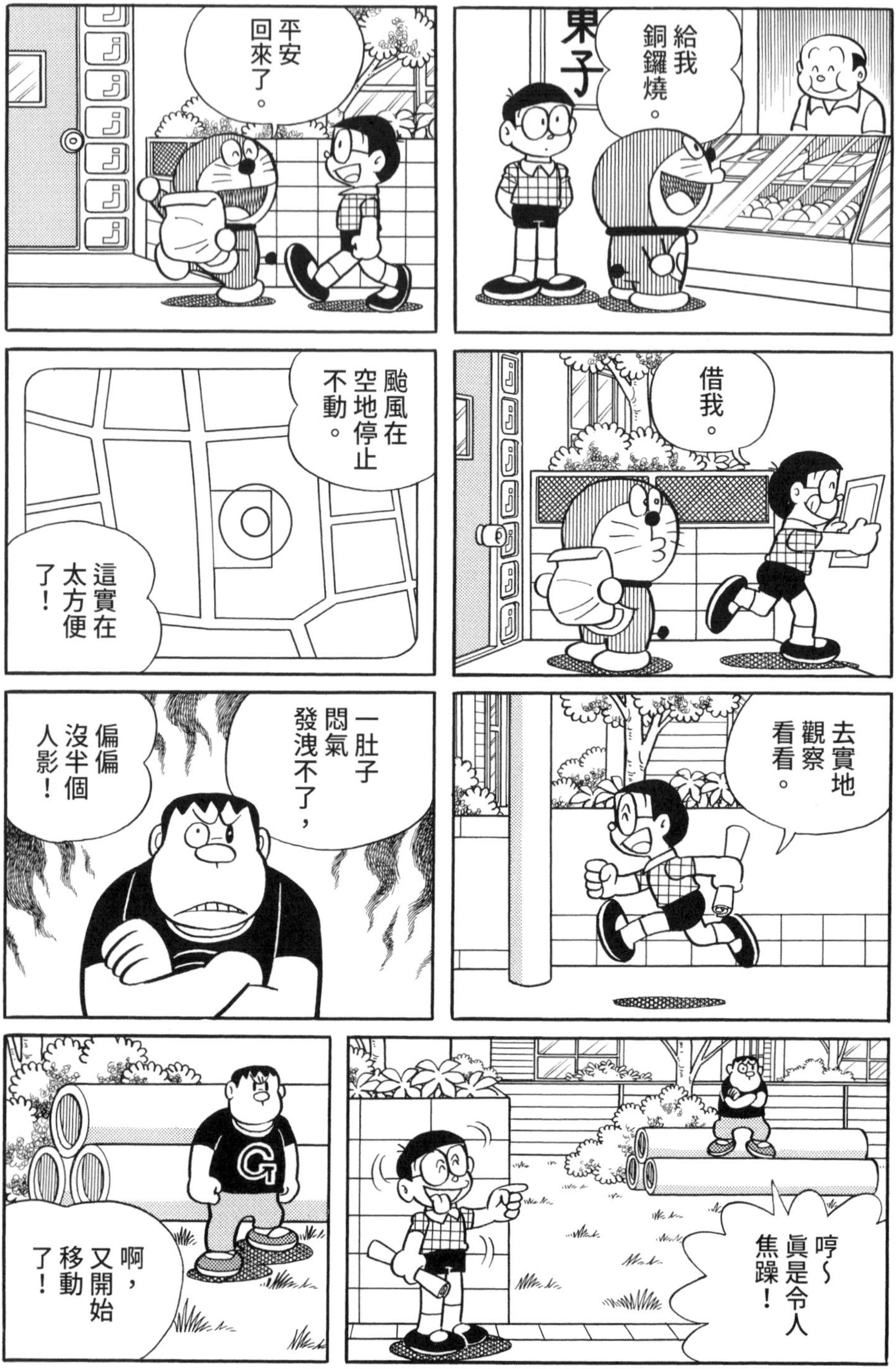
給我銅鑼燒。
平安回來了。
借我。
颱風在空地停止不動。
這實在太方便了！
去實地觀察看看。
一肚子悶氣發洩不了，
偏偏沒半個人影！
哼~真是令人焦躁！
啊，又開始移動了！

數位關鍵字 標記（Marker）意思是表示目標、位置的標誌。AR標記是用智慧型手機等的相機辨識，配合實際位置與↖

數位空間位置，用來標示數位資料等。

往安全的地方走。
笨蛋！
你還敢在外面閒晃啊！
咦～用這個可以知道胖虎的位置？
好棒！我也想要。
去拜託哆啦A夢吧！
人手一份，大家都會開心。

有了它就可以安心出門了。
颱風往這裡來了。
哈哈！大家快逃！
一個人影也沒有!!
大家到底跑到哪裡去了？
暴風圈越來越大了，
不過離我還很遠，不必擔心。
咦？
突然轉向了，
而且速度好快！
啊！太過接近被抓到了。
什麼!?
是大雄發這個的!?

數位關鍵字 **動態捕捉（Motion Capture）** 把人和物的動態變成數位資料的技術之一。資料的取得方式有很多種，目前↖

變成有史以來最大的颱風了!!
以超快速度朝這裡過來!!
哇！快速逼近!!
快到靜香家避難。
她拿張地圖不知到哪裡去了。
既然外出了，也沒辦法。
追上來了！
※轟

的主流是「光學式」，在臉部和全身標上當成記號的標記，再以多台相機包圍擷取動態。

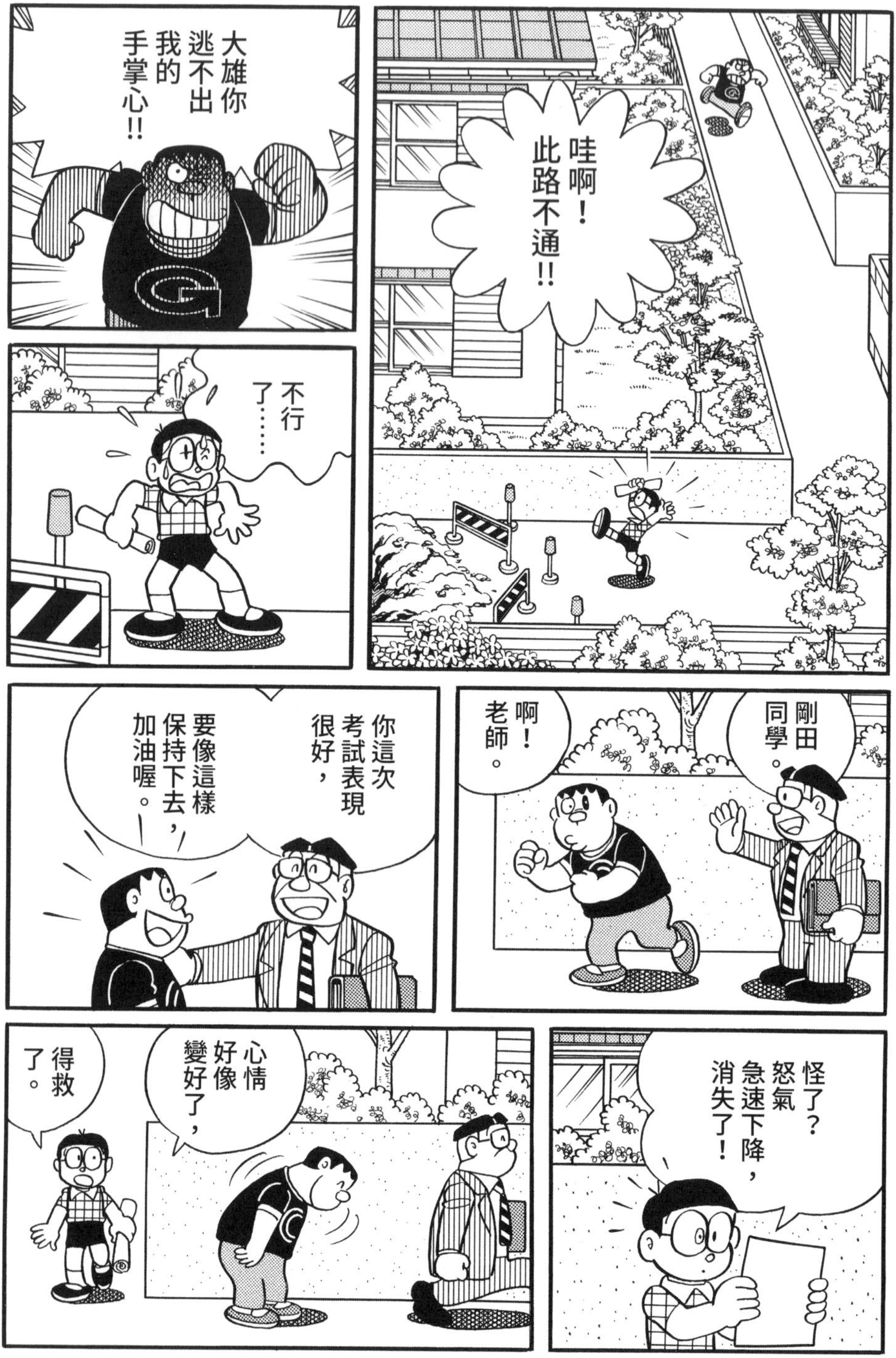
哇啊！此路不通!!
大雄你逃不出我的手掌心!!
不行了……
剛田同學。
啊！老師。
你這次考試表現很好，要像這樣保持下去，加油喔。
怪了？怒氣急速下降，消失了！
心情好像變好了，
得救了。

數位關鍵字 **檔案（file）** 電腦將利用的資料進行儲存、讀取、移動、刪除等時，會先彙整成一個檔案，並根據不同內容分為文字檔、圖檔、音檔等。幾個檔案放在一處，稱為「資料夾」。

大雄！今天天氣不錯耶。
是啊！
※吹口哨
ルン ルン♪
※咚
ゴチン
怎麼又突然變成颱風了？太卑鄙了啦!!
混蛋!!

GNSS（GPS）是什麼？

主要支援IoT的技術分別是GNSS與5G。

GNSS（Global Navigation Satellite System的縮寫）的意思是「全球衛星導航系統」，是使用人造衛星得知位置的系統。定位的方法是，透過四顆在距離地面約兩萬公里的高空中繞行的定位衛星，所發出的無線電波來測量位置。各位或許都聽過GPS，GPS是GNSS的其中一種，專指美國的GNSS，日本也有在使用。日本還有自行發射的「引路號」人造衛星。

插圖／杉山真理

利用GNSS測量位置的方法

測量四顆衛星發送的訊號抵達接收器的時間，再把這個時間乘上無線電波的「速度」（光速），就能算出與四顆人造衛星的「距離」。這四個距離可交集出一個點，這個點就是目標的所在位置。三顆人造衛星也能夠鎖定位置，但四顆更準確。

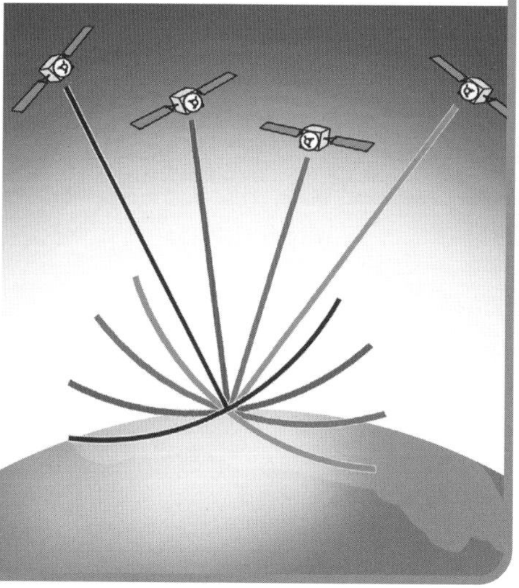

插圖／杉山真理

有什麼幫助？

GNSS主要是用在智慧型手機上的地圖APP、汽車導航，除此之外，汽車的自動駕駛、曳引機等農業機具的自動駕駛，也少不了GNSS。無人機的自動飛行也會派上用場。

全球的GNSS

- GPS…美國
- 引路號…日本
- GLONASS…俄羅斯
- 伽利略…歐盟
- Beidou…中國
- NavIC…印度

透過基地台更精確

單靠來自衛星的訊號，往往會與正確位置產生幾公尺的誤差，因此建造基地台彌補，能夠把差距縮小到只剩下幾公分。另一方面，接收衛星發射訊號的接收器也大幅提升了精準度。

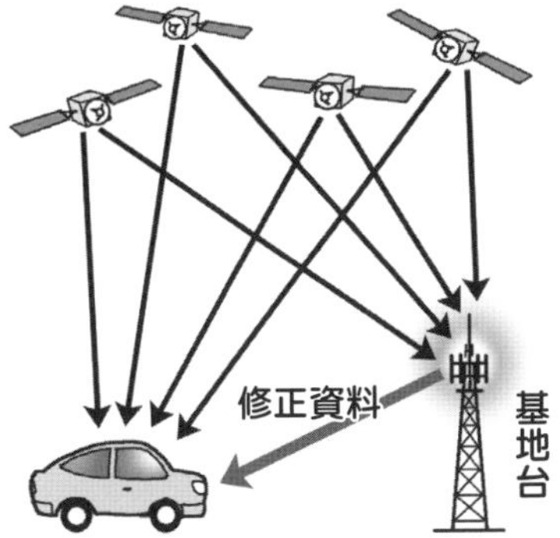

插圖／杉山真理

利用高精準度3D地圖達成精確的自動駕駛

自動駕駛需要有精確的地圖，才能知道道路的寬度、哪邊有車道分隔線、十字路口、行人穿越道等等。目前已經有收集這類資料製作出的「高精準度3D地圖」的立體地圖。

有了這個地圖與GNSS，就能夠實現等級更高的自動駕駛。

自動駕駛分級

從駕駛必須自行進行所有開車動作的「等級0」開始逐漸進化。

- 等級1：自動加速和減速，或自動操控方向盤等。
- 等級2：等級1的兩者全都自動。主要開車的是駕駛。
- 等級3：主要開車的是系統。緊急時改為駕駛操控。
- 等級4：在高速公路等規定區域內，所有操作由系統執行。
- 等級5：在所有的區域皆由系統負責開車。

高精準度3D地圖的製作方式

高精準度3D地圖是由裝設了GNSS天線、攝影機、感應器等裝置的車輛，行駛在路上收集交通號誌、道路形狀、車道分隔線、道路標示位置等的資料再繪製而成。目前是由包括汽車公司在內的十七家企業成立的公司，正在製作3D地圖。道路會因為施工而變形，或蓋出新路，因此也需要時時修改。未來也計畫從一般車輛取得資料，持續修正。

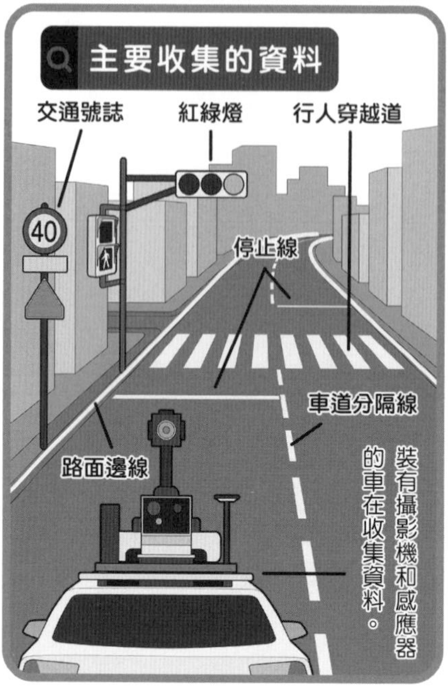
主要收集的資料
交通號誌
紅綠燈
行人穿越道
40
停止線
車道分隔線
路面邊線
裝有攝影機和感應器的車在收集資料。
插圖／加藤貴夫

何謂5G（第五代行動通訊系統）？

5G指的是類比式手機、智慧型手機等行動通訊使用的通訊技術的「第五代」。G是Generation（世代）的意思。

在5G之前的是1G（第一代）到4G（第四代）的技術，依序逐漸發展而來。

1G時，類比式通話的手機登場。2G時數位化，手機開始可以上網收發電子郵件。3G時代的傳輸速度大幅加快，可收發附照片的電子郵件。進入4G之後速度更是大幅提升，可用智慧型手機觀賞並傳送影片。

5G的特徵（與4G相比）

通訊速度	速度比4G快10倍以上
通訊延遲	4G的十分之一
同時連線	可連接4G的30～40倍數量的機器

5G能夠改變什麼？

5G的速度比4G快約十倍，能夠傳輸大容量的資料，看影片時也幾乎不會有畫面或聲音延遲的情形發生。但相對來說，因為無線電波變細，難以傳送到遠方，所以必須建立更多的天線。

有了5G後，能夠多台裝置同時上網，IoT化持續發展，整個社會將逐漸數位化。

有了5G能夠實現的事
ICT資通訊教育
幾秒鐘下載完電影
MOVIE
ダウンロード
自動駕駛的等級提升
（P143）
智慧農業
（曳引機等農業機具自動駕駛）
無人機有更多使用方式
醫生遠距問診
38.0℃
社會整體
數位化

插圖／杉山真理

晚上七點
會發生什麼事？
好！
我決定了！
只要老實道歉就行了。
媽媽既不是鬼也不是惡魔，她應該會原諒我的吧？

數位關鍵字 **軟體（Software）** 驅動電腦的程式。為了某項目的而進行特定動作的軟體，稱為應用程式，簡稱「APP」。

※噗通噗通

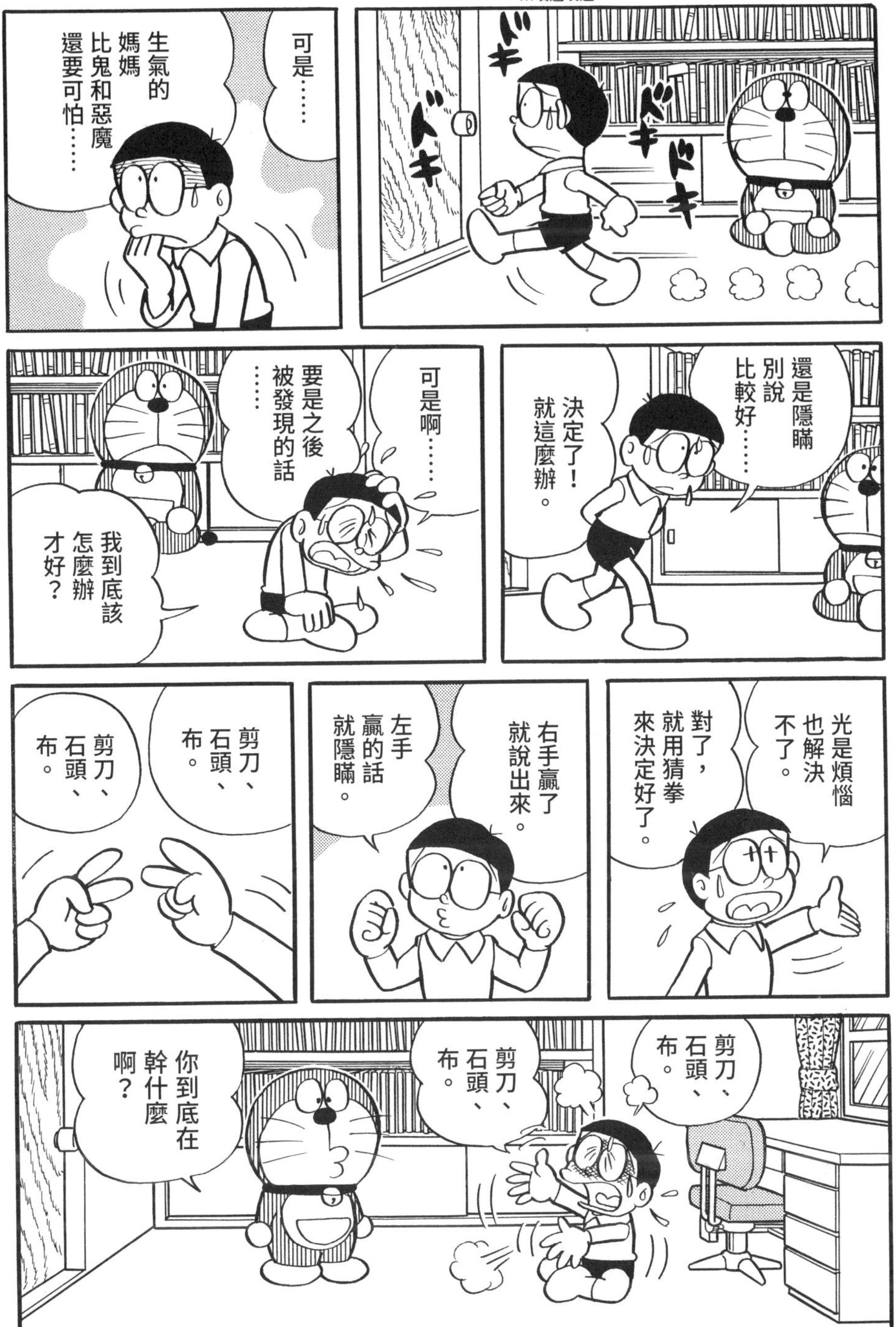
ドキ
ドキ
ドキ
ドキ
可是……
生氣的媽媽比鬼和惡魔還要可怕……
還是隱瞞別說比較好……
決定了！就這麼辦。
可是啊……
要是之後被發現的話……
我到底該怎麼辦才好？
光是煩惱也解決不了。
對了，就用猜拳來決定好了。
右手贏了就說出來。
左手贏的話就隱瞞。
剪刀、石頭、布。
剪刀、石頭、布。
剪刀、石頭、布。
剪刀、石頭、布。
你到底在幹什麼啊？

喔～原來是零分考卷。
你要幫我嗎？
看你這麼可憐啊。
「趨吉避凶機」。
煩惱的時候，只要按上面的按鈕，就會跑出籤來，指引你該怎麼做。
請告訴我說實話比較好，還是應該隱瞞？
啪嘰
晚上七點再說出來
反正都要說的話，不是越早越好嗎？
就照籤上說的做吧。
大雄！
驚

數位關鍵字 作業系統（OS） Operating System的簡稱，驅動電腦硬體所必須的基本軟體。有了OS才能夠使用特定

昨天考得怎麼樣？
那、那個……就是……嗯……
咦？電話好像在響耶……
趁現在快逃。
到外面去，避免見到媽媽吧。
直到七點嗎？
現在就去自首的話，處罰不是應該會比較輕嗎？
要是你懷疑籤上所說的話，
我就來實驗給你看吧。
胖虎在那裡。
是笑著打招呼過去，還是回頭走其他路好呢？
パチ
什麼？
去踢他

※啪嗒

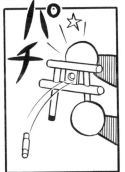

住手啊！
嘿！
吐！
謝謝你們啦。
糖果卡在喉嚨裡，難過死了。
喔～
怎樣，了解了吧？
啊，大雄。
為什麼要跑？你有事瞞著我吧！
在外面閒逛會被抓到啦。
我們還是找個地方待到七點吧。
今天我們就慢慢玩吧。

數位關鍵字

網路犯罪

利用電腦和網路進行的犯罪，包括非法存取竊取資料、利用網路詐欺、散播違法資訊和有害資訊等各種類型。

話說回來，七點到底會發生什麼事啊？
到時候不就知道了。
不好意思……
我該去上鋼琴課了。
※嘩啦
請告訴我該躲在哪裡好呢？
倉庫
真是的！到底躲到哪裡去了？
我絕對饒不了他！
快要七點了……
叮！

我回來了。
你回來啦？
是爸爸。
又多一個罵我的人。
太不像話了！
偷偷摸摸躲起來實在太狡猾了。
你一定要狠狠罵他一頓喔。
算了，乖乖出去吧……
ドドササ
※撞倒
好像是些舊文件……
給我坐下！
把考卷拿出來！
居然給我考零分!!
請仔細看清楚……上面是誰的名字……
這是爸爸小時候的考卷吧……

數位關鍵字

駭客

利用網路入侵他人電腦竊取或破壞資料的人。原本是指對於電腦擁有過人知識與技術，能夠盡情享受

咳！那個……
不管是誰都有失敗的時候。
總而言之……
咳！
只要今後好好努力就行了。
狠狠罵過他了嗎？
有啦。
要好好感謝它啊。

從自動化到自主化

多虧電腦技術的進步與發展，現在各類型的工作都能夠交給機械自動執行。先將以往由人類進行的作業程序與模式規則化之後，再交由電腦學習，於是與電腦連動的機械，就能夠正確無誤的重複這個作業程序與模式去執行工作，即使重複上百次、上萬次，也幾乎不會出錯。像這樣在電腦上由虛擬機器人自動替我們工作，稱為RPA（Robotic Process Automation 的縮寫），中文的意思是「機器人流程自動化」。

最近到處都能聽到的AI（人工智慧），也是電腦自動執行工作的技術，兩者的基本構想是一樣的。AI與過去的自動化不同的地方在於，電腦除了有能力可以學習步驟流程、固定模式，以及規則，還能夠讀取大量資訊，並且從中找出最適合的資訊使工作順利進行，還能夠根據資料發明新的作業方式。

AI像這樣能夠自動找出最適合的方法執行工作，

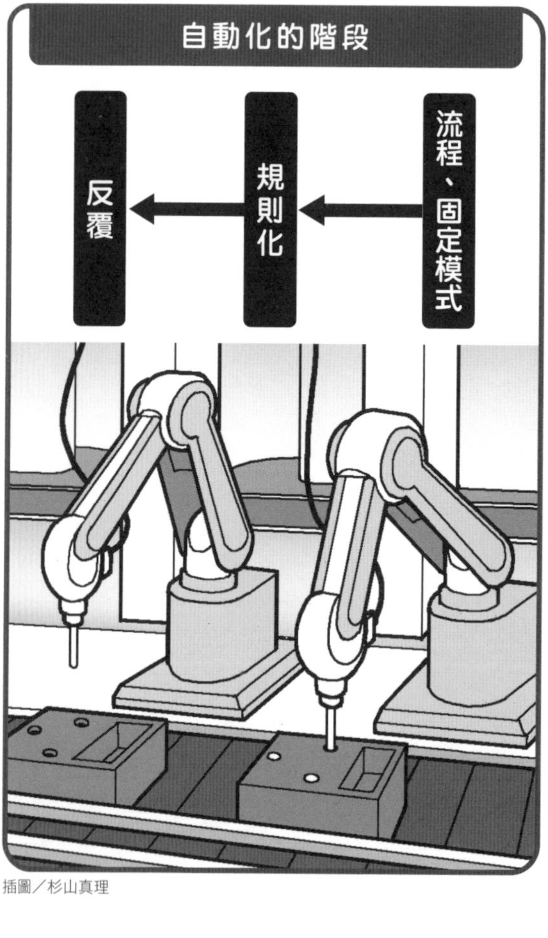

插圖／杉山真理

插圖／杉山真理

就稱為「自主化」。

此外，結合線上技術與自主化的智慧遠端自主化技術，也在持續研究中，期待更精確的遠距操控能夠實現。

AI系統的模型是人類的神經細胞

人類的腦中有許多腦細胞彼此傳送電訊號，交換資訊，形成網路，負責傳送這個電訊號的是連接腦細胞的神經細胞。神經細胞的大小是0.005mm到0.1mm左右。

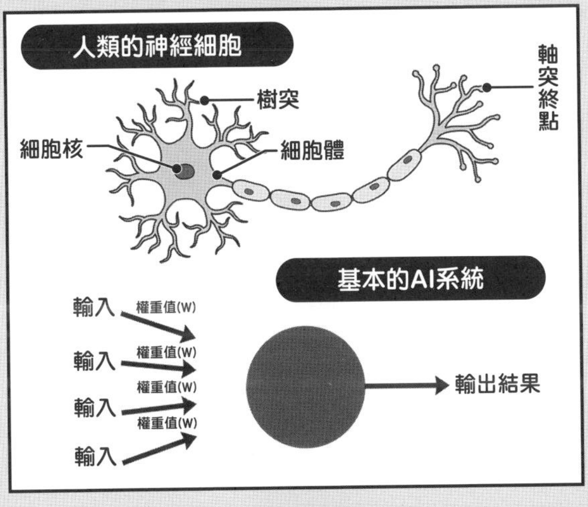

使AI得以實現的電腦網路，使用的正是這個神經細胞的構想。神經細胞像樹枝一樣末端是展開的形狀，電腦也用同樣形式拓展連結網路，建立稱為神經細胞網路的迴路。

插圖／加藤貴夫

第四次工業革命

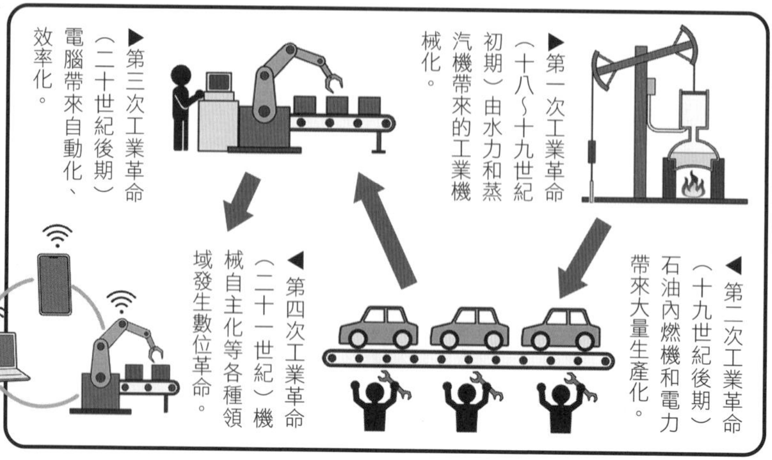
▶第一次工業革命（十八～十九世紀初期）由水力和蒸汽機帶來的工業機械化。
▶第二次工業革命（十九世紀後期）石油內燃機和電力帶來大量生產化。
▶第三次工業革命（二十世紀後期）電腦帶來自動化、效率化。
▶第四次工業革命（二十一世紀）機械自主化等各種領域發生數位革命。

插圖／加藤貴夫

導入AI

技術之後，各種工作開始高度自動化，對產業界造成重大改變，對於世界經濟也有很大的影響，被稱為是人類史上的第四次工業革命。

受到影響的不只是製造業的工廠，還波及到服務、教育、交通、物流等所有的產業。

由兩個 AI 互問互答的最新技術 GAN

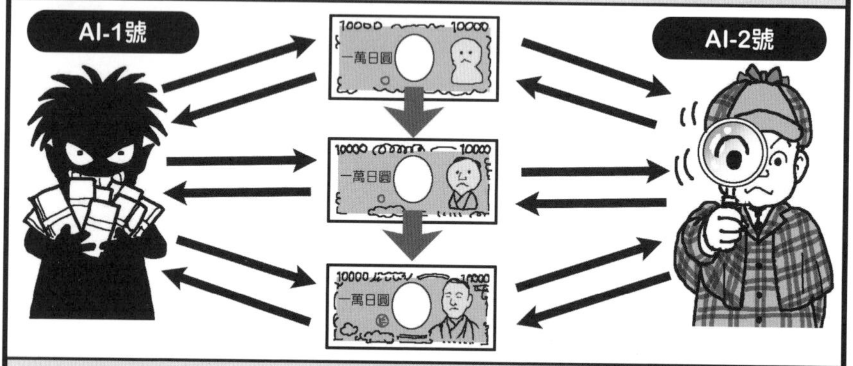
AI-1號
AI-2號
一萬日圓
10000

AI 一號製作與真品十分相似的仿冒品，AI 二號負責檢查，這樣反覆進行就能夠彼此競爭學習，這個方法稱為「GAN（Generative Adversarial Network）」，也就是「生成對抗網路」。

插圖／杉山真理

電腦隨時在學習，因此AI持續在進化，提高機能

電腦的學習方式是比較接收到的各種資訊，運算何者正確，反覆改變輸入向量的權重值，導出更正確的資訊，這樣的學習內容不斷累積，就能夠從微幅差異的資訊中找出正確的資訊。電腦的這種學習方式稱為「深度學習」。

插圖／加藤貴夫

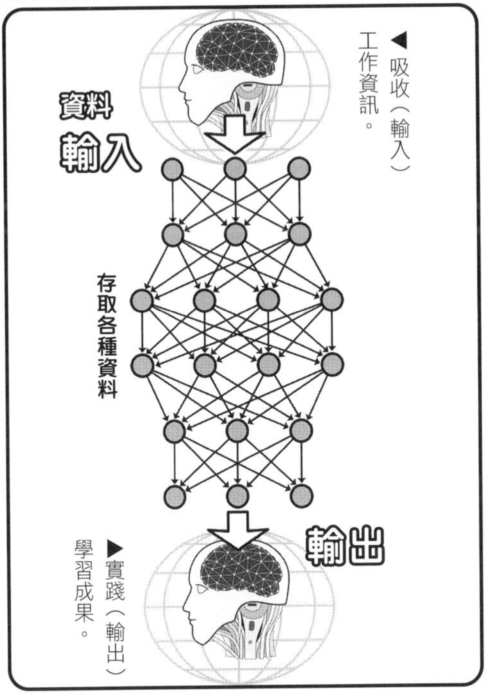
資料輸入
◀吸收（輸入）工作資訊。
存取各種資料
輸出
▶實踐（輸出）學習成果。

AI實現自動駕駛系統

自動駕駛如果沒有更優質的 AI 技術就無法實現。車輛必須透過各式各樣的感應器捕捉並準確辨識道路標示、紅綠燈、行走車道、電線桿、行人，並利用人造衛星提供的定位資訊等隨時擬定安全維護計畫，同時自動操控油門和方向盤等車上設備行駛在道路上。

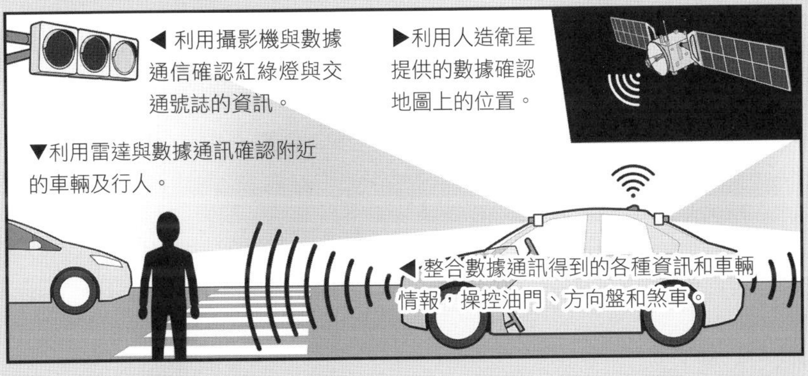
◀利用攝影機與數據通信確認紅綠燈與交通號誌的資訊。
▶利用人造衛星提供的數據確認地圖上的位置。
▼利用雷達與數據通訊確認附近的車輛及行人。
◀整合數據通訊得到的各種資訊和車輛情報，操控油門、方向盤和煞車。

插圖／加藤貴夫

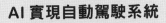

接手噴霧器

數位關鍵字

附加檔案 附在電子郵件上一起傳送的文字和圖片等檔案。

你又放棄啦~真的很沒毅力耶。
根本釣不到，今天魚都放假去了。
好！我釣滿整個水桶給你看！
……啊，糟了!!
我忘了一件重要的事，得馬上過去才行。
騙人，是因為你釣不到吧？
只要有恆心一定能釣到……
好，看我用那個。
「接手噴霧器」。

※咖喳
按下按鈕……
カチ
※噗咻
噴出瓦斯。
プシュ
將手伸入瓦斯內。馬上冷卻凝固。
變得很像塑膠手套吧？
那又怎樣？
作出釣魚的動作……
※啾波
迅速把手抽出。
スポ
手套就會自動繼續釣魚。
好厲害喔!!
我要去辦重要的事了……
可以用在很多地方，比釣魚好玩。

數位關鍵字

網路聊天 意思是網路上一對一或多人即時收發訊息對話，包括輸入文字的文字聊天、以聲音對話的語音聊天、以相機真人對話的視訊聊天等。

作業丟著不寫，
跑到哪裡去了!?
我急忙跑回來就是為了寫作業。
※噗咻
沒寫完不准出去玩喔！
我知道啦！
プシュ
※咻波
冷卻凝固後變成手套了！
在寫作業時……
迅速把手抽出來。
スポ
※悉悉簌簌
セッセ セッセ
哎呀，真是輕鬆啊。
這種好東西應該用來服務大眾才對啊。

首先先來幫靜香的忙。
現在沒空，
我要練鋼琴……
怎麼停下來了？還要再彈一小時。
好……
媽媽逼我彈的……其實我比較喜歡小提琴。
這時「接手噴霧器」就派上用場啦。
把手伸入瓦斯中……
？
プシュ
一邊彈一邊迅速把手抽出來。
去玩吧！
太好了。
我跟出木杉有約。

數位關鍵字

掃地機器人 自動移動、打掃的機器。掃地機器人會利用多個安裝在機身的感應器，收集打掃場所的大小、形

真沒意思！
!!
這個恐怖的聲音，難道是……
※喔耶～～～
我就知道！
ホエ～
哇！胖虎，唱得好棒，太好了、太好了！
パチパチパチ
※啪啪啪啪
那我差不多該走了……
別跑，給我繼續待著!!
我要去補習！
沒人拍手，我唱起來會覺得沒有勁!!
別這樣，這問題包在我身上。

狀、垃圾與灰塵散落狀態等資訊，由AI（人工智慧）立刻進行分析後進行清掃。

這算是什麼魔術嗎？
用力拍手時，脫掉手套。
パチパチ
※啪啪—
スポ
這樣唱歌才來勁。
パチ
パチ
パチ
パチ
パチ
※啪啪啪啪
大雄，謝啦。
不客氣。
出租人手
需要人手
幫忙的人
請來找大雄
去鎮上繞一圈吧。
出租人手
需要人手
幫忙的人
請來找大雄
可以拜託你幫我溜狗嗎？
沒問題。

數位關鍵字 智慧音箱
配備有AI助理的音箱，能夠像對話一樣用語音操控。連上網路後，能夠理解說話者所說的內容 ↖

並以語音回答問題、播放音樂、操控家電或是購物。

好好去散步吧。
多謝了。
行李很重……
交給我處理。
真是感謝。
很高興你能滿意。
我想拜託你買東西。
幫我擦窗戶。
到院子灑水。
陪我打電動。
大家請排隊。
雖然很忙，但是助人的感覺真好。
咦？還在寫作業啊？
セッセ
セッセ
哇！筆記本黑鴉鴉一片!!
同樣的事不用做那麼多遍！快住手!!
ドスン

※悉悉簌簌

※咚砰

哇啊！釣了好多喔。
噴上「消失瓦斯」就會消失。
※噗咻
我叫你住手啦！
不噴瓦斯沒辦法消除喔。
プシュ
咦!?你還幫人做了很多手套!?
要彈到什麼時候啊！
還不快點停下來!!
※噗咻
プシュ
抱歉，抱歉。
行李還我!!

數位關鍵字

智慧手錶

意思是「聰明的手錶」，像智慧型手機一樣能夠透過觸控面板，使用多種功能。除了能夠通話、收發電子郵件、播放音樂等之外，還能夠測量步數、心跳數，管理健康。

※噗咻
抱歉，給您添麻煩了。
真不像話!!
プシュ
媽媽，讓我進去啦！
不行，吵得都睡不著了！
※拖、拖
ズル
ズル
你到底做了幾個啊？
嗯……
數不清。
我受夠了!!
剩下的你自己搞定!!
好啊，瓦斯借我。
接下來就拜託你囉。

把所有資訊數位化

現在包括智慧型手機、個人電腦、平板電腦、智慧型手錶、數位相機、汽車、掃地機器人等所有東西都已經能夠連網，許多人的生活中有許多東西都需要連接網路，因此全球網路的網路流量（數據傳輸量）大幅增加。

造成的結果就是無論圖片、文字、音樂、天氣、時刻、振動、超音波等等，所有的一切都變成了數據，這些數據集合成為「大數據（Big Data，又稱巨量資料）」，甚至連人的眼睛和耳朵無法看到、聽到的資料，也通通變成了數據。

當多數人的資料都變成了數據之後，各種應用程式也就能夠存取並利用這些大數據。

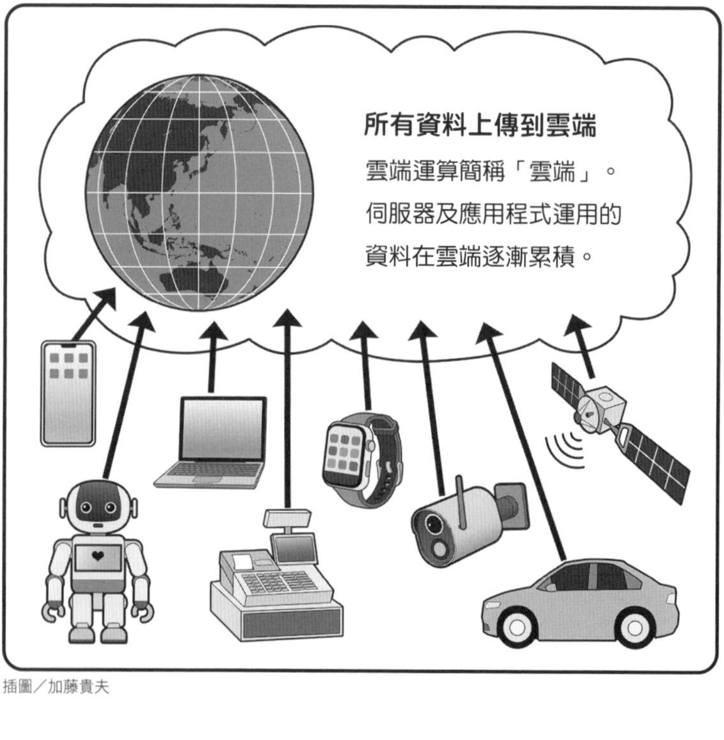
所有資料上傳到雲端
雲端運算簡稱「雲端」。
伺服器及應用程式運用的
資料在雲端逐漸累積。

插圖／加藤貴夫

應用在各種場合的大數據

近年來豪大雨與颱風等頻頻造成災害。分析大數據就能夠詳細預告災害發生的時間地點，從預測積雨雲動向的天氣預報，到幾點左右哪個城市會下大雨等都能知道。

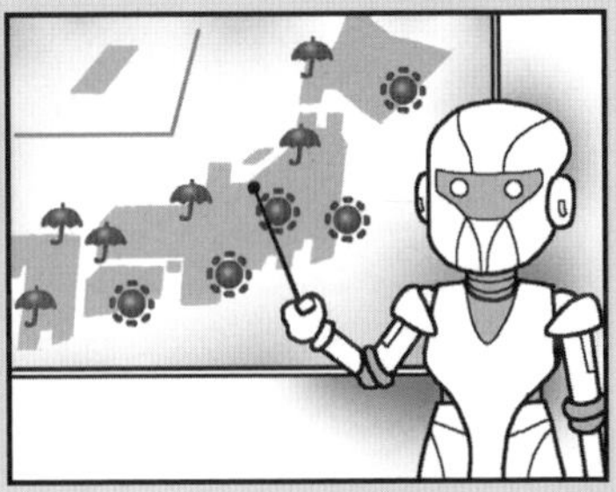

道路的塞車資訊也能夠利用大數據詳細預測。此外還有農漁業、醫療等各種場合，都能夠應用大數據作分析，為工作、產業以及民眾的日常生活提供協助。

插圖／杉山真理

資料處理二十四小時不休息

存取大數據的電腦是二十四小時日夜無休的在工作，持續從不斷增加的資料中學習。結果就是人類不可能辦到的資料分析與預測等，AI都能辦到了。

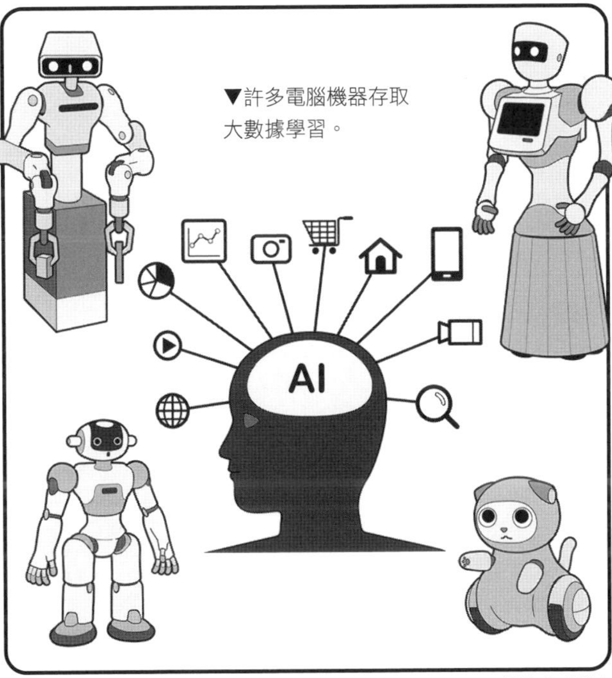

▼許多電腦機器存取大數據學習。

插圖／加藤貴夫

插圖／杉山真理

當AI超越人類時

日夜無休持續不斷進化的AI，有沒有可能總有一天會超越人類的能力呢？

自從一九八〇年代開始，就已經有研究人員在研究「那一天」將會是哪一天，也因此出現了「科技奇點」（singularity）一詞，用來形容超越人腦等級的AI誕生的那個時刻。

最早預言「科技奇點」的美國發明家——雷蒙・庫茲維爾

「到了2045年，即使是人人都買得起的便宜電腦，也遠比人類聰明。」

1948年，出生在美國紐約的發明家雷蒙・庫茲維爾（Raymond Kurzweil），在2005年時如此預測。本身是發明家也是AI研究界權威的庫茲維爾，他的這番預言據說已有部分成真。

插圖／杉山真理

2045 年將會發生什麼事？

庫茲維爾預測 2045 年將會出現「科技奇點」，認為「大多數原本只有人類才能做到的事情，機器人和 AI 都能代勞，人類的生活方式與人類社會將會大幅改變」。許多人的工作將會被 AI 搶走，引發失業問題。關於這一點，庫茲維爾表示：「就像過去其他工作替代了農業一樣，到時候會有新工作出現。」

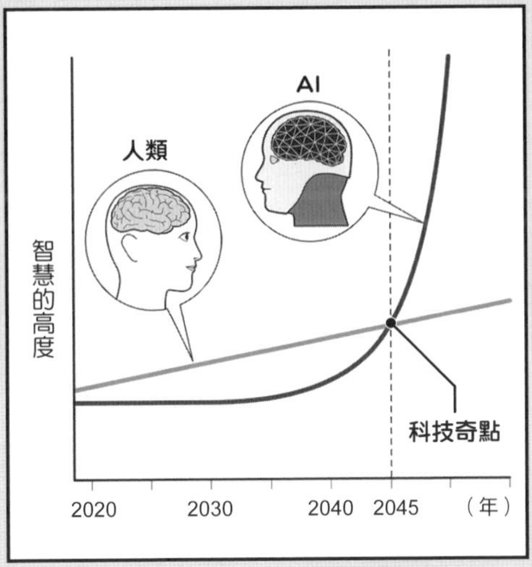

▲大約從 2040 年開始，AI 的能力將急速進步，人類的生活與人類社會或將迎來大幅改變。

插圖／加藤貴夫

AI改變了未來的生活

對生活有幫助又便利的AI機器，最終將會自行開發出一代又一代的新機器，超越人類，變成地球上最有能力的生命體。

新世代的機器也將在人類生活各方面提供便捷的支援，最終的結果，可能就會是人類的智慧也跟著明顯提升。屆時庫茲維爾預測的「真正值得活著的時代」將會到來。

▲工作、通訊、儲蓄、飲食等生活各方面全都仰賴 AI 協助。

插圖／杉山真理

模範信筆

給叔叔的感謝信，
你還沒……
寄出去嗎？
叔叔送你這麼好的圖鑑，
鐵道 9
宇宙 8
地球 7
人間 6
動物 5
鳥類 4
魚貝 3
昆虫 2
都已經過了三個月。
給我馬上寫，
沒寫完不准出房門。
我也很想寫啊。
既然如此，趕快寫一寫不就好了。

叔叔
謝謝你
送我圖鑑
再見
就寫這樣？
還有其他可以寫的嗎!?
「模範信筆」。
※悉悉簌簌
寫看看。
咦？想都不用想，筆就自動寫起來了。
我最愛的叔叔
謝謝您送我
スラ
スラ
「謝謝您送我這麼棒的圖鑑」。
將你想表達的內容變成通順的文章。
怎樣？
「每天閱讀也不會厭倦」。

數位關鍵字

機器人

利用電腦控制執行目標工作的機器，不一定像哆啦A夢一樣都是人類外型（貓型？）。近年來也有↖

活躍於數位空間的機器人出現。

哇……
寫得這麼好……
叔叔一定會很開心，
快寄給他吧！
※喀咚
コトン
好想多寫些信喔。
為什麼靜香……
跟出木杉說話時總是那麼開心啊？
那是當然的啊，
出木杉不僅聰明，說話又風趣……
對了!!
寫信給靜香。
寫出真摯感人的……
文章。

※悉悉簌簌
スラ スラ スイ
哈哈，閉著眼睛也能寫。
如何？
「靜香，沒有你我活不下去，」
「夜裡想起你的一切，讓我不禁難以成眠。」
有點誇張。
「用我強力的雙臂緊緊擁抱你，」
「火熱的吻……」
等、等一下！
ポ～ ポ～ッ
※害羞臉紅
啊，
年齡刻度被動到了。
即使是同樣的事情，也必須符合年齡來表現。
那是大人寫的情書。
這次調整到適合你的年齡了。
「靜香，不好意思突然寫信給你……」
嗯，這才是小孩子寫的信。

數位關鍵字 **大數據（巨量資料）** 網際網路和智慧型手機普及之後，自動收集的大量數位資料。種類、形式、內容、發生 ↖

與更新的頻率等各有不同，因為經常出現變化，使用時必須配合目的進行分析。

「可是我不得不提起勇氣寫下這封信，」
讓我來唸吧。
「我跟出木杉相比，頭腦不好力氣小，長得抱歉又懶惰，莽撞小氣色瞇瞇」……
是你自己寫的啊！
「可是希望你幸福的心絕不輸給任何人。」
………
………
喔……
嗯……
喔……
嗯……
怎麼了？繼續唸啊。
我……我第一次……讀到這麼令人感動的信！
真的耶!!
連我自己都感動得哭了。
好想趕快給靜香看看。
貼上「超速件郵票」吧。

只要貼上它……
郵差先生就會……
專程趕來，
以非常快的速度直接拿給收信人。
大雄寄的信？
啊……
嗯……
怎麼了!?
靜香跑過來了。
真的!?
大雄!!

數位關鍵字

穿戴式裝置

不是拿著走，而是戴在手臂、手腕、頭上等，穿戴在身上使用的電腦裝置。外型類似手錶的智慧手錶、像眼鏡的智慧眼鏡，都是穿戴式裝置的代表。

握緊☆
大雄!!
謝謝你真摯的信。
我想跟你慢慢聊，
我們去公園吧。
靜香第一次用這種眼神看待大雄。
真是可喜可賀。
為什麼你老是講一些沒水準的話？
會嗎!?
這樣很有趣不是嗎？
我問你，
那封信真的是你寫的嗎？
當然是啊！

……
靜香你剛剛怎麼突然跑掉了？
啊，真是對不起。
再見。
再見……
原來如此……那封信跟本人的感覺差距太大，反而印象更糟。
再借你寫一遍。
可是講話時就會露出馬腳。
只能不斷用筆寫了。

數位關鍵字

科技

利用科學知識使人類生活更舒適的技術。比方說，資訊科技就是利用資訊科學的科技。

數位關鍵字

IC晶片 又小又薄，面積只有幾毫米到幾公分大的電子零件，可處理、記錄各種電訊號。

又是信？
大雄說的話跟寫的信有天壤之別。
「不好意思我寫的跟說的相差太大，可是……」
※感動落淚
想跟你慢慢聊。
不要開口說話喔。
好美的詞彙啊……
趕快繼續寫。
接下來該怎麼辦啊？

什麼是「創新」？

「創新」是指「創造出過去沒有的服務，或目前尚未存在的新產品，大幅改變社會」。日本過去發明了泡麵、新幹線、家用電玩遊樂器等，陸續引起各種的創新。

現在，如同各位在這本書中看到的，網際網路、VR、IoT、AI等嶄新的數位技術問世，社會結構也因為這些技術帶來的創新而正在改變。

經濟學家熊彼得提出的創新定義

約瑟夫・熊彼得
（1883～1950年）

經濟學家熊彼得（Joseph Alois Schumpeter）認為創新就是「開發出與過去不同、全新的產品或服務」。

插圖／杉山真理

日本的創新力跌出世界排名前十名！

日本現在的創新力正在衰退。想要強化創新力，必須長期投入產品開發。

世界各國的創新力排名（二〇二一年）

第一名 瑞士
第二名 瑞典
第三名 美國
⋮
第十二名 中國
第十三名 日本

※出處：Global Innovation Index Datebase, WIPO, 2021.

數位化帶來的工業4.0

工業4.0是德國政府於二〇一一年提出的產業政策，也被稱為第四次工業革命。

工業4.0的第一步是要先在雲端打造現實世界的工廠的數位孿生，利用AI分析作業數據，就能夠事先預測生產設備機器的異常狀態。此外也期待透過AI對現實世界工廠的機器人與人類下指示，提高生產力。

何謂工業革命？

工業革命是指技術發展大幅改變了產業與社會。

●第一次工業革命…
煤炭能源促使輕工業發達。

●第二次工業革命…
石油能源實現大量生產。

●第三次工業革命…
網路擴大資訊通訊。

↓

接著是第四次工業革命

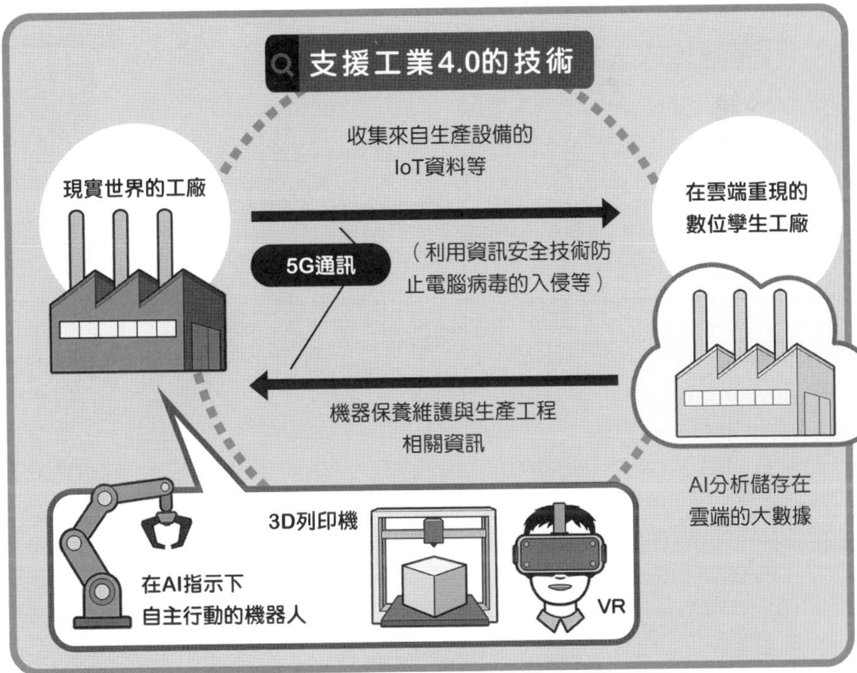
支援工業4.0的技術
現實世界的工廠
收集來自生產設備的IoT資料等
在雲端重現的數位孿生工廠
5G通訊
（利用資訊安全技術防止電腦病毒的入侵等）
機器保養維護與生產工程相關資訊
AI分析儲存在雲端的大數據
在AI指示下自主行動的機器人
3D列印機
VR

插圖／加藤貴夫

日本期許的社會新樣貌「社會5.0」

「社會5.0（Society 5.0）」是日本政府提倡的「社會新樣貌」，目標是延續前面發展過的1.0到4.0，朝向5.0版的全新社會邁進。具體來說就是利用數位技術強化現實空間與虛擬空間的連結，同時解決經濟發展與社會問題。

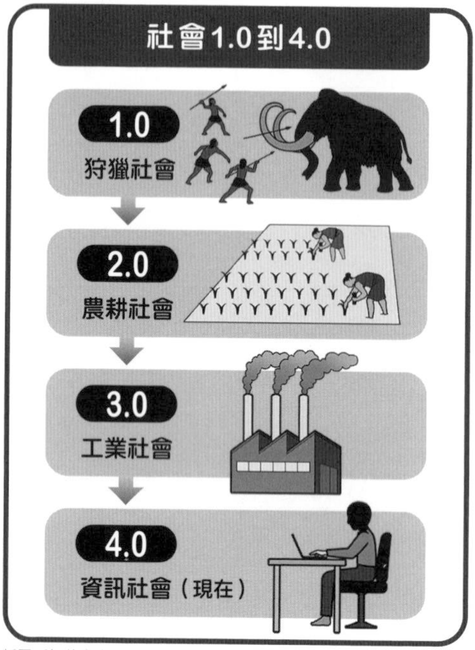

社會1.0到4.0
1.0
狩獵社會
2.0
農耕社會
3.0
工業社會
4.0
資訊社會（現在）

插圖／加藤貴夫

社會4.0與社會5.0的不同

4.0的社會在利用雲端收集的資訊時，需要人類的操作與判斷。5.0的社會是由AI擔任人類的角色。

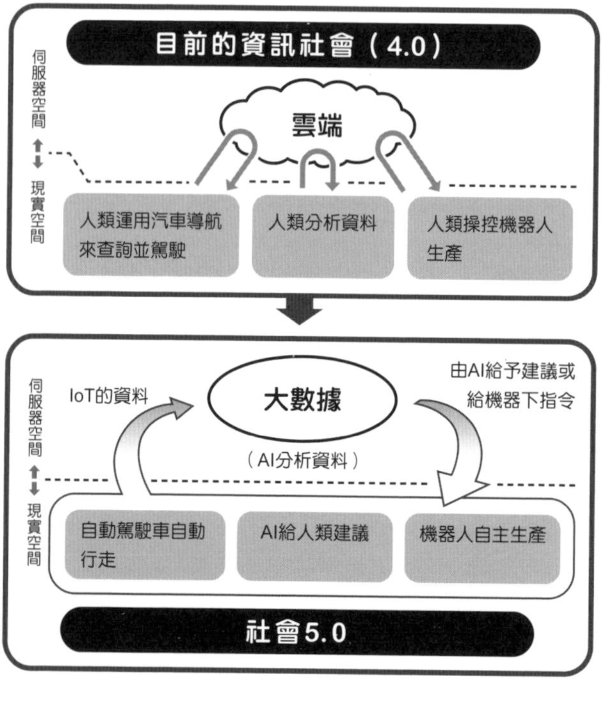

目前的資訊社會（4.0）
伺服器空間
現實空間
雲端
人類運用汽車導航來查詢並駕駛
人類分析資料
人類操控機器人生產
伺服器空間
現實空間
IoT的資料
大數據
（AI分析資料）
由AI給予建議或給機器下指令
自動駕駛車自動行走
AI給人類建議
機器人自主生產
社會5.0

社會5.0期望實現的社會樣貌

日本目前正面臨各種問題，包括年齡與身體上的障礙造成的限制、少子高齡化等。社會5.0就是要解決這些問題。

公共服務的數位化

育兒
照護
搬家
納稅

▲照護與納稅相關的行政程序，將全都可以上網處理。

遠距醫療與無人機宅配

125
80

▲AI 分析穿戴式裝置收集到的資訊，用無人機宅配需要的藥品。

眾人享受數位化的方便

一個小時之後加熱浴缸的水。

▲高齡者坐全自動輪椅移動。數位機器的使用也越來越方便。

智慧農場與理想的配送

▲自動搬運機器人在最理想的時間配送機器人採收的作物。

插圖／杉山真理

未來就在不遠處！實現社會5.0所需採取的行動

因新冠肺炎（COVID-19）疫情蔓延，採用線上授課的方式上課的學校逐漸普及，這也可以說是實現了部分的「社會5.0」。此外，各式各樣的場所都正在利用數位資訊嘗試開發出新風貌。

① 用科技預測1分鐘後與15分鐘後需要的壽司材料

迴轉壽司「壽司郎」店裡的盤子裝有IC晶片，只要讀取晶片就能夠收集資訊，知道哪些壽司在哪個時間點被吃掉。利用資訊科技還能夠預測接下來需要準備什麼壽司材料。

▲AI也可從影像分析客人吃掉的壽司盤，自動計算餐費。

插圖／加藤貴夫　※此服務為2022年日本地區的狀況

② 無人結帳系統的便利商店

東京高輪Gateway車站的「TOUCH TO GO」便利商店使用無人結帳系統，走進店裡拿了商品之後，設置在天花板等位置的攝影機和感應器就能夠辨識「誰拿了哪個商品」，只要站到收銀區，觸控面板上就會顯示購買的商品名稱和結帳的總金額，可以用信用卡或其他電子支付方式付款。

▲導入無人結帳系統可解決工作人員不足的問題，並縮短排隊結帳的時間。

影像提供／TOUCH TO GO公司

③ 支援未來大眾交通運輸的自動駕駛服務※

※遵循警局宣布的公路實證實驗指南，在規定的專用空間內進行。

日本秋田縣的上小阿仁村，以公路休息站為據點，實際推行自動駕駛服務。

秋田縣的高齡化在日本是全國第一，上小阿仁村因為高齡化與人口外移而人口銳減，使用者變少也導致當地的計程車停駛。為了解決這個問題，村民會收費提供載送服務，目前還增加了自動駕駛服務。

国土交通省
秋田501
む50-90

▶以上小阿仁公路休息站為據點，行走在通往各聚落路線的自動駕駛服務車。

影像提供／NPO 法人上小阿仁村運輸服務協會

④ 妥善利用全市能源的智慧城市

「智慧城市」利用IoT和AI將能源的使用與營運變得更加的完善，提升城市裡上班族與居民的便利性。

日本千葉縣柏市建構了「柏葉智慧城市」，全市的大學與商業設施、辦公室、住宅等的電力使用狀況、發電設備的資訊，都集中由「智慧中心」管理，使全市的電力使用更有效率、更節能，也有助於減輕環境負擔。

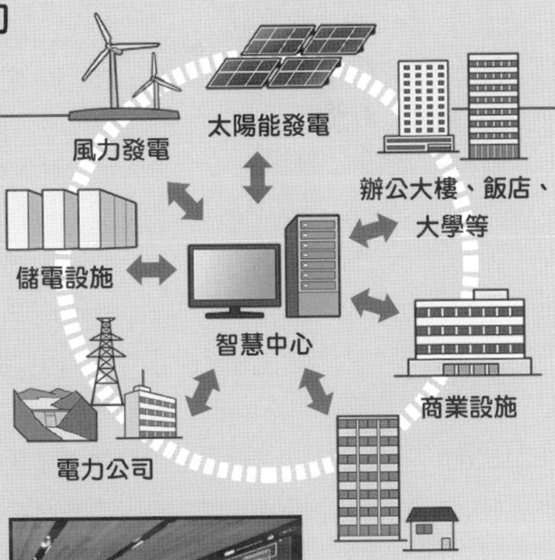
風力發電
太陽能發電
辦公大樓、飯店、大學等
儲電設施
智慧中心
商業設施
電力公司
透天厝住宅、大樓

▶智慧中心集中管理全市的電力資訊，能源的使用也更有效率。

影像提供／三井不動產（股）公司「打造柏葉市推廣部」　插圖／加藤貴夫

後記

不管是數位或類比，只要會產生感動，請務必珍惜並永保那份熱情

御茶水女子大學科學暨教育研究所特聘講師　大崎章弘

看完本書之後，各位對數位世界有什麼不一樣的想法呢？

本書主要介紹的，是數位世界中的電腦世界。各位稍微換個角度，一起來想像電腦裡活躍的電力世界吧。

我經常製作電路，用感應器去捕捉自然界的微小變化，放大電流的微小改變並送進電腦裡。因為電流的改變微乎其微，所以隨便觸碰電路、四周氣溫的改變，或是其他無關的電路都會對電流造成影響。微弱的電流在抵達電腦之前會遇到許多阻礙。電流進入電腦就是抵達終點，電腦處理的是數字，照理說不會受到多餘的電力和物質影響。

但是就算電流好不容易抵達電腦，也會因為進入的閘口有固定的大小，所以如果沒有變成電腦所需的大小，訊號也無法完整重現，又如果只是放大，途中跟來的多餘物質也會想要進入電

腦，所以必須多方考量。這種電路稱為類比電路，與電腦裡的數位電路不同。

一旦進入電腦，再來就是變成數字處理，所以即使再困難，運算處理起來都很簡單。這就類似新鮮食材保持鮮度，送到廚師手上一樣。

現在電腦的成功，要歸功於用數字實現邏輯結果的數學力量與電學力量。

電十分方便，能夠當成能源儲存或傳送到遠方。過去的電腦靠的不是電，而是由日本NHK電視台的教育節目「畢氏開關」中出現的類比式機械產生的力進行運算。後來電腦的體積因為改用電波而縮小。可是因為肉眼看不見電，所以前面提到的電流在通過時會受到四周各種影響，在這樣有各種干擾的物質世界中，很難正確傳遞原始的資訊。

因此，數位技術的骨幹「資訊理論」出現，大膽設想把想要傳送的電訊號轉換成數字，多虧如此才能培養出正確傳送原始資訊的技術，同時有許多人相信這項技術並大力推廣。

在這項理論誕生的二十世紀中期，全世界都在研究電子通訊的世界中，如何才能夠更快傳送可信度高的資訊？過去的常識認為傳送速度越快，資訊的可信度越低，因此夏農利用數學證明，資訊數位化仍可以保有可信度；同一時期，現在稱為電腦之父的約翰・馮紐曼（John von Neumann）表示，即使資料不完整，仍然能夠完成可信度高的資訊[※1]等，帶來從類比進入數位的巨大轉變。

我們的訊息不是物質世界而是心靈世界的產物，最重要的是「意思」，因此過去才會把訊息透過物質傳送。數位技術或許可說是重要的思想轉換技術，把「意思」轉換成符號。

因此這個轉換過程在數位世界是很重要的

※1 John von Neumann, Probabilistic Logics and the Synthesis of Reliable Organisms From Unreliable Components, 1952

事情，寄件人如果弄不清楚自己想要傳送什麼，就無法傳送。

乍看之下，數位化並不難，輕輕鬆鬆就能夠把資訊傳給他人，所以一不小心就會說出無心的話，或解釋得不夠充分，容易產生誤解。相反的，也因為寄件人沒有發出訊息，就無法數位化，所以你的沉默只會讓對方或許誤以為是機器壞掉。

又或者機器真的壞掉，你也會把錯歸咎在沒發訊息過來的對方身上。

因此今後的數位世界或許會出現具備聰明AI的口譯員。但這麼一來，假如寄件人不確定自己想發的訊息內容，等待訊息的對方或許就搞不清楚這是你的意思，還是數位AI的意思。

數位世界具有這種特徵，在這樣的世界中，有許多交代電腦要讓寄件人的表現更豐富的嘗試。其中最具代表性的技術就是繪圖技術。

現在大家欣賞數位繪圖或卡通動畫都覺得理所當然吧。在充滿數字的數位世界中，有些人是拿著繪圖筆直接手繪。現在人稱CG之父、VR之父的伊凡・蘇澤蘭（Ivan Sutherland），是少數師承奠定數位基礎的夏農的研究人員之一，也是相當於CG界諾貝爾獎的「史蒂文・康斯獎（The Steven A. Coons Award）」的首位得獎者。

他曾在二〇一二年造訪日本領取第二十八屆京都獎。在得獎演說的第二天，他為孩子們舉辦體驗營活動，卻沒有半句話提到電腦。他戴著曾是土木技師的父親的安全帽，對孩子們展示槓桿實驗，以及用吹風機讓球浮起來等自然科學實驗，孩子們看到眼前的實驗不斷發出驚呼聲，蘇澤蘭把孩子們叫到面前來，開心的與他們一起做實驗，彷彿在分享槓桿的靜力平衡等眼睛看不到但確實存在於物質世界的祕密與感動。問他為什麼不提電腦，他說眼睛看不到電腦內部，很難完整說明而且太困難。

現在的數位世界仍然只能夠處理變成符號的東西。擔任京都獎得獎演說司儀的山口富士夫先生是我大學時的老師，我去問候他時，正好遇到演說完畢的蘇澤蘭先生，當時的對話令我印象最深刻的是「俳句真了不起」這句話。他似乎很好奇為什麼俳句能夠用少少的幾個字誕生出那樣的世界。

伊凡・蘇澤蘭是開創當今數位世界的天才之一，但他自己不這麼認為，他說只是自己在的地方碰巧有世界第一台巨型電腦，而他只是用那台電腦繪圖而已，他碰巧在那裡是運氣好。

體驗營結束後，孩子們問他：「你有沒有考慮過放棄研究？」

他立刻回說：「從來沒有。」他在演說中提到：「是什麼讓我產生熱情？」他似乎很重視能夠一輩子保持熱情這件事。

對於各位來說，不管是數位還是類比，或許已經沒有不同，能夠在接觸到這些技術時覺得感動，就請繼續保持、珍惜你們的熱情，然後跨出腳步，進入數位的世界吧。

哆啦A夢科學任意門 25

數位世界穿透環

●漫畫／藤子・F・不二雄

●原書名／ドラえもん科学ワールド Special —— みんなのためのデジタル入門

●日文版審訂／Fujiko Pro、大崎章弘（御茶水女子大學科學＆教育中心特任講師）

●日文版撰文／泉田賢吾、保科政美、榎本康子、工藤真紀、新村德之（DAN）、上村真徹（DAN）
樫本敦子、唐木田 Hiromi

●日文版版面設計／bi-rize　●日文版封面設計／有泉勝一（Timemachine）

●插圖／杉山真理、佐藤諭、加藤貴夫、宮原美香　●日文版編輯／菊池徹

●翻譯／黃薇嬪

●台灣版審訂／高宜敏

發行人／王榮文

出版發行／遠流出版事業股份有限公司

地址：104005 台北市中山北路一段 11 號 13 樓

電話：(02)2571-0297　傳真：(02)2571-0197　郵撥：0189456-1

著作權顧問／蕭雄淋律師

參考文獻、網頁

《輕鬆讀懂 IoT》（山崎弘郎著／日刊工業新聞社）、《IoT 超入門》（高安篤史著／幻冬舍）、《一看就懂的資訊與通訊科技》（高作義明著／PHP 研究所）、《潰雪》（尼爾・史蒂文森／新經典文化）、《人工智慧能否超越人類 深度學習的未來發展》（松尾豐著／KADOKAWA）、《日經製造》（日經 BP）

日本內閣府官網、東京都官網、數位資訊廳官網、文部科學省官網、總務省官網、經濟產業省官網、國土交通省官網、國立研究開發法人 新能源與產業技術綜合開發機構官網、Project PLATEAU 官網、株式會社 ROBOT PAYMENT 官網、株式會社 Digital Transformation 研究所官網、Telework navi 網站、TIME&SPACE by KDDI 網站、CNET Japan 官網、Medius Holdings 株式會社官網、株式會社 BeRISE 官網、Business+IT 官網、Mogura VR News 官網、Softbank 株式會社官網、SELECK 株式會社官網

2024 年 5 月 1 日 初版一刷　　2024 年 7 月 15 日 初版二刷

定價／新台幣 350 元（缺頁或破損的書，請寄回更換）

ISBN 978-626-361-650-9

遠流博識網 http://www.ylib.com　E-mail:ylib@ylib.com

◎日本小學館正式授權台灣中文版

●發行所／台灣小學館股份有限公司

●總經理／齋藤滿

●產品經理／黃馨瑝

●責任編輯／李宗幸

●美術編輯／蘇彩金

國家圖書館出版品預行編目(CIP)資料

數位世界穿透環 / 日本小學館編輯撰文；藤子・F・不二雄漫畫；
黃薇嬪翻譯. -- 初版. -- 台北市：遠流出版事業股份有限公司,
2024.5
面；　公分. --（哆啦 A 夢科學任意門；25）

譯自：ドラえもん科学ワールド Special：
みんなのためのデジタル入門
ISBN 978-626-361-650-9(平裝)

1.CST: 數位科技　2.CST: 資訊科技　3.CST: 漫畫

312　　113004426

※本書為 2022 年日本小學館出版的《みんなのためのデジタル入門》台灣中文版，在台灣經重新審閱、編輯後發行，因此少部分內容與日文版不同，特此聲明。